"十二五"普通高等教育规划教材

21世纪全国高等院校艺术设计系列实用规划教材

公共艺术设计教程

王焱 著

北京大学出版社

PEKING UNIVERSITY PRESS

内容简介

本书内容包括公共艺术设计概论、公共艺术设计的内容和形式、公共艺术设计的策划、公共艺术设计的方法及材料应用、公共艺术设计的技法及艺术规律、实践案例赏析6部分。本书是作者在总结20多年的艺术设计教育理论和实践经验，并在保留常规教学课程的基础上，对某些陈旧的、已经不适应当今设计教学的理论观点进行了修改；针对目前社会公共艺术设计所需，在视觉设计教学领域中确定新的培养目标与教学目的，建立公共艺术设计教学体系；重点强调"实践性"教学，传统与现代的理论衔接，教育学生掌握传统知识，学习新颖、现代的设计技法以及崭新的设计理论，以适应当今时代与社会的需要。因此，站在一门独立而崭新的专业学科角度，针对目前社会现状，运用系统的教学方法，培养具备宏观把握能力和实际操作能力的公共艺术设计专业人才，是本书撰写的目的所在。

本书可作为高等院校艺术设计相关专业的教材，也可作为设计人员及设计爱好者的参考用书。

图书在版编目(CIP)数据

公共艺术设计教程/王焱著. —北京：北京大学出版社，2014. 1
(21世纪全国高等院校艺术设计系列实用规划教材)
ISBN 978-7-301-23451-8

I. ①公…　II. ①王…　III. ①建筑—环境设计—高等学校—教材　IV. ①TU-856

中国版本图书馆CIP数据核字(2013)第 269163 号

书　　　　名：	公共艺术设计教程
著作责任者：	王　焱 著
策 划 编 辑：	孙　明
责 任 编 辑：	孙　明
标 准 书 号：	ISBN 978-7-301-23451-8/J · 0548
出 版 发 行：	北京大学出版社
地　　　　址：	北京市海淀区成府路 205 号　100871
网　　　　址：	http://www.pup.cn　　新浪官方微博：@北京大学出版社
电 子 信 箱：	pup_6@163.com
电　　　　话：	邮购部 62752015　发行部 62750672　编辑部 62750667　出版部 62754962
印 刷 者：	北京大学印刷厂
经 销 者：	新华书店

889毫米×1194毫米　16 开本　10.5 印张　321 千字
2014 年 1 月第 1 版　2019 年 1 月第 4 次印刷

定　　　　价：52.00 元

前 言

一、公共艺术设计教学体系的建立

谈起"公共艺术"，在当下美术界或美术理论界还算是一个较为时尚的话题，甚至被提到了"时代"的高度，但要用比较简单的言词给它下定义、做出理论的概括，又并非易事。

公共艺术是一个外来词，英文是Public Art，从直译上看它应是一个全称词，即公众共同介入的、在公开场合下展示的艺术。公共艺术应包含一切感官艺术，如音乐、戏剧、电影、舞蹈、演唱、建筑、绘画、雕塑、环境艺术、园林景观、公共设施、博物馆艺术作品，甚至还应有行为艺术、地景艺术、观念艺术、高科技艺术等前卫试验性艺术。公共艺术不仅仅是一种或几种艺术形式，也不是某种统一的流派、风格；而是使存在于公共空间的艺术能够在当代文化的意义上与社会发生关系的一种思想方式，是体现公共艺术空间民主、开放、共享的一种精神态度和价值取向。实际上，这个词是作为一个特指名词引进我国的，主要是在美术界和视觉造型艺术领域内使用，更准确的名称应是"公共造型艺术"，简称为"公共艺术"。从字面意义来看，"公共艺术"是由"公共"与"艺术"这两个大家都已经非常熟悉的词汇组合而成的，而"艺术"这个古老的概念由于前面冠以"公共"这个词，使得其概念在这里被进行了一定的限制。"公共艺术"，顾名思义，就是出现在公众视野中，与公众产生联系甚至与公众互动的艺术。这种具有开放、公开特质的，由公众自由参与和认同的公共性空间称为公共空间，而公共艺术所指的正是这种公共开放空间中的艺术创作与相应的环境设计。

空间从物理形态上的界定可以清晰地分为：占有空间和未占有空间。人们对空间的占有是靠物化的标志来界定的，如堆起的石头、刻有标记的界碑等，当然最有效的是建立起构筑物，或干脆建个房子来巩固对空间的占用，这样的物理界定是靠数字和实物等来界定。正常的情况下，空间的合理利用和划分往往是区分公共空间和私人空间的必要手段。理所当然，公共空间对于公众利益的理解和服务负有特殊的责任，我们追求的是如何使其适应人的各种需求，而不是让公众去适应各种环境。公共空间和私人空间在很大程度上是有机的整体，所以这个问题是我们学习环境艺术设计或者是已经成为设计师的人员永恒的设计主题！公共空间的设计不是目的和结果，也不是设计迎合少数人的标志，而是一个过程，是一个大众参与并不断展现其生活变换的过程，新的设计并不仅是新的风格或新的形式，而是指新的内容和创造新的生活方式。

公共艺术的概念近年来在中国使用频率越来越高。公共艺术在中国不仅仅只是一个名词的借用，也不只是造型艺术、景观艺术、城市雕塑等艺术形式的同义词，而应该有它自身的规定性。公共艺术的概念在西方有其特定的社会、历史、文化的背景，它在当代中国的出现和使用不是偶然的，它是转型期的中国社会在公共事物中所呈现的开放性和民主化的进程在公共空间的反映。公共艺术的前提是公共性，只有具备了公共性的艺术才能称之为公共艺术。

许多国内雕塑家和批评家提出用"公共艺术"取代"城市雕塑"这个概念，因为"城市雕塑"一词所限定的边界过于狭隘，而目前在使用上其外延也早已扩大化了，并超出了这个词的本义。城市的高速公路，酒店酒吧，纪念广场，烈士陵园，装置、构成、光、水等方式是不是都可以用城市雕塑来囊括，似乎还值得研讨。但是用公共艺术来指涉公共场所、公共主题、公共参与的各种材料和风格的作品显然更确切一些。公共艺术的社会属性在于它除了艺术和学术外还是一种公共权利，如何使这种权利受到学术规范的约束，而不至于沦为某些雕塑家赚取名利及某些业主和决策人滥施个人意志的工具，已成为当今一个迫切的现实问题。

当今我国以自主创新作为建设创意大国的国策，改革艺术与设计教育是重要的工作。自从我国推行改革开放路线以来，经济改革成果显著，现代设计教育得以发展，在30多年间迅速地进步，成功地从工艺美术改变为艺术设计专业教育。但可能是发展过急，欠缺充足的时间与长远的规划，没有按部就班地进行实验与实践，目前艺术设计教育还是重技艺而轻创意，形成一种短视的职业训练的格局。近十年来，这种设计教育无限地膨胀。全国大专院校无一不开办艺术设计课程，疯狂扩招，争相建造堂皇的教学殿堂，热衷于引进新科技硬件；而基础课程仍停留在20世纪80—90年代的模式；大部分教师缺乏艺术设计实践，纸上谈兵，难以向学生传授专业经验。这种现象是我国艺术设计教育中存在的普遍问题。

那么，怎样改革这一艺术设计教育的现状就成为当下我们全体艺术设计教育工作者义不容辞的责任和使命。任何学科的建立，均有其广泛的基础理论体系作为支撑。公共艺术设计是一项艰巨的系统工程，具有边缘学科和应用学科等多重特质。从基础理论构成的角度分析，它涉及社会学、人文学、美学、科学、心理学、建筑学、景观学、公共关系学、造型艺术等多种学科领域，是各类学科之间互相渗透、相互影响的结果，构筑了公共艺术设计非常广泛的理论基础，形成它自身特有的学科体系。

二、培养目标

公共艺术设计专业方向是多学科交叉的综合性艺术设计专业，以弘扬传统文化艺术为宗旨，探索城市公共艺术设计在城市文化、城市功能和城市生态建设中的功能和地位，强调公共艺术设计的观念创新、艺术创造与现代材料和技术应用相结合，培养在公共艺术设计领域从事空间环境景观设计、城市雕塑艺术设计、壁画艺术设计、装饰饰品设计、旅游工艺品设计的专业开发、展示设计、艺术创作和教学科研工作的公共艺术设计人才。

三、公共艺术专业主要开设的课程

造型基础、设计基础、传统艺术、装饰画、壁画设计、浮雕设计、景观雕塑、公共空间环境设计、纤维与装置艺术、陶艺、漆艺、饰品、展示设计、旅游工艺品设计、中外艺术史、材料与技术美学等。

四、教学方法与课程安排

作为一门独立的学科体系，公共艺术设计应该具有自身的教学方法和系统的教学课程安排。

笔者通过在创办雕塑艺术公司中的多年实践经验及教学过程中的探讨, 总结出来: 公共艺术设计教学应该采用开放式和多样结合的方法, 按照理论联系实际的教学方针, 从实践出发, 使学生通过亲身体验来系统地学习和掌握公共艺术设计的理论、常识及规律, 了解公共艺术实践的全过程, 进而探索出更加适应社会时代, 适应市场经济的实用性教学方法。

公共艺术设计的教学方法应该是由课堂教学、专题讲座、社会环境调查研究、模拟实战和分组协作等几种形式组成。

(1) 课堂教学: 课堂教学主要是基本理论讲授和组织课堂讨论、答辩两大部分。基本理论讲授主要解决学生们在公共艺术设计理念和具体操作方式等方面带有规律性和指导意义的理论问题, 教学内容系统完整, 以"面"的形式涵盖整个教学过程。组织课堂讨论是教学互动法的体现, 也是活跃学生思维、培养学生积极主动的参与意识和语言表达能力的手段。针对某一主题组织讨论、答辩, 启发性地教与学, 能深化学生的理论认识, 在讨论过程中发现问题, 并设法解决它, 这是任何学科和科研的共同课题, 所谓"天才"也就是善于发现问题并解决问题的人。除此之外, 组织课堂讨论还能够帮助教师改进教学内容和教学方式, 发挥教学相长的积极作用。

(2) 专题讲座: 专题讲座是把"面"的理论知识分为具有代表性的"点"的深化研究过程, 有目的地邀请有关专家、学者及著名设计师等, 针对公共艺术设计中的某个案例做深入的讲解和赏析, 可以弥补课堂笼统教学的不足, 并为掌握当代公共艺术设计理念和实战训练奠定基础。

(3) 社会环境调查研究: 目的在于培养学生深入社会、参与市场的综合能力和素质, 在教学过程中任选某公共空间专题, 使学生把课堂讲授的调查方法运用到实际调查活动中去, 融入社会, 培养分析问题、解决问题的能力和较强的应变能力。同时, 要求学生对自选的调查内容、结果进行统计研究, 撰写出具有针对性意见和结论的调查报告, 再根据调查报告写出相应的富有创造性策略的公共艺术设计策划方案。

(4) 模拟实战: 在公共空间环境调查研究的过程中, 学生任意选择好自己所要策划、创意设计的空间, 有目的地进行公共环境与公众意愿研究, 自始至终贯穿一个空间专题, 掌握公共艺术设计从环境调研到撰写公共艺术设计策划书, 再到创意、设计、制作、竣工的全过程, 最后用电脑辅助设计制作出公共艺术竣工效果图及设计说明。培养学生从公共环境需要出发的整体观念, 以免走进"制造建筑垃圾"的形式主义误区。模拟实战的目的在于理论联系实际, 更好地适应社会和环境需求, 为真正的公共艺术设计实战运作打好基础。

(5) 分组协作: 分组协作是就较大而且较复杂的公共空间策划设计而采取的教学方法, 是指确定一个总体目标和要求, 组织学生分组进行讨论、研究, 即所谓的"创作小组""艺术群体"等, 像一个公共艺术机构一样运作, 并进行各个项目的策划、创意、设计制作, 在此过程中, 培养学生互通有无、分工合作的协作精神及有效协调整体与局部关系的宏观把握能力与组织能力。

以上五种教学方法构成一个整体, 在教学过程中, 应根据学生情况和教学需要, 结合起来灵活运用。此外, 在公共艺术设计教学过程中, 如果能接到真正的公共艺术设计项目, 将实际的公共艺术设计业务引进课堂, 将是最佳的教学方法。这样, 有一个明确的主题, 在任课教师的指导下, 从调查分析、策划、创意, 到设计、制作、竣工, 可以使学生从中领悟到很多实际的经验和知识, 并且能产生课堂模拟所达不到的教学效果。

综上所述，公共艺术是一个多重学科交叉的综合性艺术设计专业方向，因此，在本教材中，笔者只能选择其中最常见、最具有代表性的艺术形式：壁画、浮雕、雕塑等几个课程，也是笔者几十年来教学与实践最多的内容与形式进行讲授。以下是相应的公共艺术设计教学课程安排表，仅供广大师生在公共艺术设计教学过程中参考。

五、公共艺术设计教学课程安排表

周次	教学形式	教学内容	作业、要求
1	课堂教学	讲授公共艺术的基本理论，并进行案例分析、作品鉴赏	思考、提问、解答
2	社会教学	选择公共空间进行环境调查研究	现场拍照，了解需要设计的环境状况
3	社会、课堂教学讨论	公共艺术策划、设计公共艺术方案草图、讲演设计思想、答辩	撰写公共艺术策划方案，完成设计草图
4	课堂教学辅导	公共艺术设计制作	确定制作形式，绘制设计图纸，熟练技法运用
5	课堂教学辅导	电脑辅助设计制作	制作竣工效果图、撰写设计说明
6	上交作业，教学总结和评估	根据学生的公共艺术策划书、讲演、答辩和设计作业的水平来综合评价学生的专业素质和总成绩	由专业教师和任课教师共同评定成绩

目 录

第1章 概　　论

导读：

本章重点讲授公共艺术设计的概念、与其他艺术设计的区别、公共艺术设计的历史与发展、公共艺术设计的功能和主要特征、公共艺术设计的理念与责任等基本常识。

目的和要求：

通过本章的讲授，使学生了解公共艺术的基本概念和理论，并要求学生结合国内外的公共艺术作品图例，理解公共艺术设计的主要功能和特征、理念和责任。

第一节　公共艺术设计的概念

公共艺术是一个外来词,英文是Public Art,从直译上看它应是一个全称词,即公众共同介入的,在公开场合下展示的艺术。从广义来说,"公共艺术"不仅涵盖了视觉领域中的造型艺术,它还包含所有感官艺术中的音乐、舞蹈、戏曲、相声、小品、影视、行为艺术、观念艺术等前卫试验性的各种综合艺术形式,因为这些艺术形式均是在公共环境和空间所演绎的,并与公众产生联系和互动。重要的不是形式,而是公共艺术所体现的价值取向,它是一个复杂而模糊的艺术活动过程。公共艺术不仅仅是一种或几种艺术形式,也不是某种统一的流派、风格,而是使存在于公共空间的艺术能够在当代文化的意义上与社会发生关系的一种思想方式,是体现公共艺术空间民主、开放、共享的一种精神态度和价值取向。如果要详尽地研究其准确概念,恐怕要撰写一篇论文才能表达清楚。但是,如果加上"设计"二字就可以把公共艺术限定在艺术设计范畴内,因此,狭义简约的解释可以理解成:所有存在于公共环境和空间中的,并由公众参与的、与公众互动的造型和视觉艺术设计,均可以称之为公共艺术设计。

虽然,在概念上大体可以这样界定,但是,如果现在用这个概念作为一个专业方向进行课程教学,所要教与学的内容和形式也实在太广泛了,在这个公共艺术设计概念中,还包含了建筑、景观、园林、绿化、室内外环境设计、雕塑、浮雕、壁画、

图1.1　荷兰阿姆斯特丹广场

图1.2　伦敦奥运会公共艺术1

图1.3　伦敦奥运会公共艺术 2

图1.6　伦敦奥运会公共艺术 4

图1.4　伦敦奥运会公共艺术 3

图1.7　伦敦奥运会公共艺术 5

图1.5　公共行为艺术

图1.8　由公众参与完成的公共艺术

图1.9 岩洞壁画

图1.10 远古壁画

装置等各种功能性、实用性、装饰性、行为性及前卫性的艺术内容和形式。建筑、景观、园林、绿化、室内外环境设计等，目前全国各大院校均有专门为之开设的专业方向，在此就不进行详细论述。在本书中，从公共艺术设计专业基础出发，我们不得不只选择公共艺术设计专业中最常规的，也是最具代表性的壁画、浮雕、雕塑、装置等艺术形式进行课程教学和讲授。

第二节　公共艺术设计的历史与发展

公共艺术设计作为人类的一种艺术活动，无论中外均有几千年的发展历史。也可以说自从有人类开始就有未被认识到的公共艺术设计活动，但是因为不同的历史时期和社会背景，其行为面貌有所差别。这种差别不仅仅体现在表面的形式和语言上，更主要的是体现在公共艺术设计的内涵上，也就是人们对于"公共艺术"观念的认识、理解和运用有着本质差别。在人类原始社会中，也就是公共艺术设计活动出现的最早期，人类并不是出于公共意识或审美需求创作的公共艺术，而是为了

图1.11 中国乐山大佛

图1.12 云冈石窟佛像

图1.13　教堂壁画艺术

图1.14　柏林大教堂

生命和生存问题所进行的思考和行为,那时的人们所有行为都是为了满足人类最低的生存需求,如改造岩洞,并在洞穴墙壁上记录下当时的劳动生活情景、对大自然现象的迷惑,以及对神灵的崇拜等。采用的记录形式也就是最早的建筑、壁画、象形文字等,一直到宗教产生之后,神庙和教堂建筑开始建造,居住环境也有所改善,建筑规模越来越大,人类才有了美化自己生存环境的进一步要求。公众也有了参与意识和公共性,这时真正的公共艺术设计便产生了。公共艺术设计的产生和发展,使建筑艺术和人文环境开创出广阔的人类文明新天地。

图1.15　无锡大佛像

我国改革开放以来,各大中城市已经把公共艺术设计纳入到城市的规划与建设中,出现了各式各样的文化广场、艺术喷泉、城市雕塑、休闲公园、游乐中心等。随着网络信息时代的发展,造型新颖的各类广告、公共设施,都在通过公共艺术的形式来传递社会公共信息和文化精神。公共艺术在改变着都市的景观,并融入到人们的生活空间中。公共艺术现已成为人们生活中不可缺少的组

图1.16　中国广场公共艺术

图1.17 法国巴黎埃菲尔铁塔

图1.18 美国自由女神像

图1.19 中国北京天安门

成部分，同时也在潜移默化地影响着人们的工作、生活、精神。当今，全球科学经济迅猛发展，在构建和谐社会的需求下，公共艺术承载了更多的功能和使命。以大型城市雕塑、壁画为龙头的公共艺术项目，是当代城市的眼睛，是当代都市的标志。它不仅装点了城市、美化了环境、展示了悠久的历史文化和锐意开拓进取的时代精神，而且更重要的是传播了美，对与它朝夕相处或频频接触的公众产生了潜移默化的作用，提升了公众的审美欣赏水平、艺术鉴赏水平，从而提高全民的整体素质，通过公众参与和互动获取了最大的社会价值。

第三节　公共艺术设计的功能和主要特征

公共艺术作为环境设计形态的艺术形式，以其独有的特质和文化内涵，鲜明地表达着地域特色和时代文化精神。公共环境艺术成为现代城市发展的必然要求，也是城市文化和现代城市生活理想的一种体现。它为城市环境建设服务，同艺术与文化在城市规划中担当着重要的角色和具体的社会实用功能。这些功能包括文化娱乐、政治宣传、纪念活动、商业活动等。因而文化广场、商业步行街、街心花园、跨江大桥、海滨浴场等无不成为公共艺术创作的空间，使公共建筑、环境艺术、城市雕塑等公共艺术形式越来越成为构筑城市文化的重要风景。优秀的公共艺术作品，不仅成为艺术的典范，还能影响到一座城市、一个国家的形象，如巴黎的埃菲尔铁塔，美国的自由女神，中国的宫殿、园林等不仅为城市公共艺术空间的成功营造起了重要作用，还成为这座城市的形象代言，并已成为社会文明程度、社会发达程度的标志之一。进入21世纪的城市，经济已不再是衡量一个城市发达与否的唯一标准，文化逐渐成为城市的核心要素，人们不仅希望环境能够提供生活的便利，还在环境的建设过程中注入了对文化、审美的追求。

因此公共艺术设计的功能经过归纳，主要表现在：艺术审美功能；生活实用功能；社会互动功能；地域标志功能；文化传播功能等方面。

图1.20 色彩空间

图1.21 材质美

1. 艺术审美功能

公共艺术设计的功能首先是审美,是多数人引以为美的。虽然一定时期人们的审美思想是精彩纷呈、主次分明的,但每个时期总有相对主流的、占统治地位的审美情调和风格,这是公共大众的审美主基调,也是公共艺术设计反映审美情调的底线。它宣扬着多数人的价值观和审美主张,强化着民族意志和国家精神。公共艺术置于公共空间,与所处的环境融为一体,与其周围毗邻而居的社区公民朝夕相处,不知不觉地就会对公民的审美水平的提高产生积极的推动作用,通过引起、触发公民的共鸣而完成二次再创造。公共艺术的功能不仅体现在装点城市、改善公共环境、彰显地域文化和时代精神诸方面,而且也体现在传播美学、熏陶公民、普及美育诸多方面。公共艺术的审美价值体现为通过对公共艺术的欣赏,使公众在获得审美愉悦的同时,培养审美能力,塑造审美境界,心灵和情操得到陶冶,进而推动文化心理建设与智力开发、伦理储备等。

图1.22 卢浮宫公园马约尔雕塑《空气》

图1.23 米开朗基罗《大卫》

图1.24　人体雕塑

（1）带来审美愉悦。公共艺术作为一种公共开放空间的艺术创作与相应的环境设计，是一种重要的视觉艺术形式，它首先带给公众的是视觉美感，能给人带来审美愉悦。

（2）培养审美能力，培养审美感知力。公共艺术作为与广大公众距离最近的艺术形式，更利于公众把其作为情感对象进行感知和把握，其在审美的敏感能力的培养方面具有其他艺术不能替代的积极作用。公共艺术存在于公众生存的公共空间中，与人的接触、交流最直接、最密切，人们在与之不断地接触中会经常受到来自公共艺术造型方面的影响，逐步形成一种艺术造型能力，从而提高情感造型即审美创造力。

（3）塑造审美境界。审美境界的塑造是个体通过对公共艺术自觉进行心性、性情上的自我锻炼、陶冶、培养和提高，最终达到超越的自由境界。公共艺术可以使公众在获得审美愉悦的同时，把感性的冲动、欲望、情绪纳入审美的形式之中，通过理性的规范、疏导、净化，引向审美的境界，使公众自觉完成审美境界的塑造。这种境界的塑造会使公众在心灵的震荡与洗礼中培养起审美的人生态度，并最终使心灵不断得到陶冶、人性不断得到构建。

2. 生活实用功能

公共艺术设计最初存在的目的取决于它的实用性上，包括文化娱乐、政治宣传、纪念活动、商业活动等。大到文化广场、商业步行街、街心花园、跨江大桥、海滨浴场等；小到公厕、座椅、货亭、卫生设施、垃圾箱、饮水器、交通设施、站台、车辆、指示路牌、导游图等视觉传达识别系统，都是在使用功能的基础上，进行造型设计、公共艺术化创造的，使其满足人类生活实用功能的需要。

图1.25　荷兰海牙火车站时钟

图1.26　法国尼斯广场路灯

图1.27　巴黎蓬皮杜艺术中心酒吧

图1.28　奥地利萨尔斯堡广场休闲椅

图1.29　德国柏林商业街喷泉雕塑

图1.30　巴黎音乐喷泉

图1.31　夏威夷海滨浴场

3. 社会互动功能

公共艺术设计概念中的重要因素就是：与社会产生联系甚至与公众发生互动，由公众自由参与和认同。如城市规划、大型建筑、园林景观、广场雕塑、音乐喷泉、大地艺术、海滩沙雕、冰雕艺术、行为艺术，以及城镇乡村小区宣传文化艺术活动等。这些典型的公共艺术设计形式无不渗透着社会功能、公众参与并与之互动的因素，甚至是需要由社会公众参与并与之互动来共同完成的。

图1.32 德国柏林街头售货亭

图1.33 荷兰海牙公众棋

图1.34 法国里昂火车站广场标志

图1.35　巴黎卢浮宫

图1.36　巴黎音乐喷泉

图1.37　街头画家

图1.38　大地艺术(梯田)

图1.39　海滩沙雕

图1.40　大地艺术(防波堤)

图1.41 行为艺术

图1.43 法国阿纳西公园的行为艺术

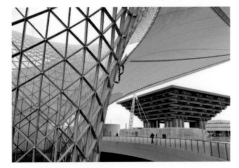

图1.42 上海世博园建筑

图1.44 法国里昂雷迪森酒店

图1.45 服务公众

图1.46 柏林街头行为艺术

图1.47　罗马斗兽场

4.地域标志功能

优秀的公共艺术作品，不仅成为艺术的典范，还能影响到一座城市、一个国家的形象。公共艺术作品以其特有的文化内涵与艺术形式，依附于时代人文背景而存在，并具有特定的纪念性和鲜明的视觉特征，随着时间的论证，就自然成了地域性标志。如罗马的斗兽场，悉尼的歌剧院，埃及的金字塔，巴黎的凯旋门，中国的长城、杭州西湖、各地宫殿、园林等，不仅为城市公共艺术空间的成功营造起了重要作用，还逐渐成为这个国家或城市的形象代言，甚至成为社会文明程度、地域文化的标志之一。

图1.48　埃及金字塔

图1.49　悉尼歌剧院

图1.50　巴黎凯旋门

图1.51　中国长城

图1.52 杭州西湖

5. 文化传播功能

公共艺术设计作为构建当今城市面貌的文化载体之一，具有重要的信息传播功能，并且作品所传递的文化信息对公众具有一定的教育作用。在当今的信息化时代，公共艺术设计在某种意义上承担着文化传播和教化育人的重要任务。主要表现在"历史"文化的传播、"审美"文化的传播、"生活"文化的传播、"公益"文化的传播，以及"地域特色"文化的传播等五大方面。公共艺术设计中所承载的历史文化信息，能够为今天的我们了解过去人们的生活、思想和文化提供可靠的依据；中国近现代历史的传播能够引起人们的共鸣，有助于人们民族精神的凝聚；公共艺术设计存在于公共空间中对环境的美化，能够帮助公众提高审美意识；生活文化的传播，有助于人们掌握科学的生存方式和强健体魄；中国传统道德

图1.53 布拉格广场纪念雕塑

图1.54 汤守仁《气贯长虹》

图1.55 抗日战争纪念碑

图1.56 汤守仁《大刀进行曲》

思想的传播,能够帮助现代人确立伦理道德观念;环境意识的传播,能够培养公众爱护地球、保持生态平衡的主流思想;地域特色文化的传递,能够帮助营造具有地方个性的城市精神风貌,有利于公众了解各个不同城市的特色文化。

综上所述,公共艺术设计的主要特征是与公共大众有着内在的不可分割的联系,并由公众参与、与之互动。公共大众是公共艺术设计投入、创作、评判和使用的主体,是公共艺术设计的中心和尺度,是公共艺术设计的最终归宿;公共艺术设计应充分反映、体现公共大众的共同意志和审美情调,并传达对公共大众温情脉脉的人文关怀。那种"天马行空"、"闭门造车"过于自我化的艺术创作思想是不适合公共艺术设计要求的。

图1.57 维也纳广场的《反战》雕塑

图1.58 反战宣传雕塑

图1.59 京剧脸谱文化

图1.60 莫斯科卫国战争纪念雕塑

图1.61 莫斯科航天纪念碑浮雕

图1.62 伏尔加格勒"祖国·母亲"大型雕塑群

第四节　公共艺术设计的理念与责任

　　公共艺术设计在于通过艺术的多种形式进行公共精神的构建。因而，单纯强调"公共性"或"艺术性"都会有失偏颇，从而造成对"公共艺术"的曲解和误读。"公共艺术"首先是一种艺术，只不过这种艺术形式有着一种特有的灵魂构筑，即公共精神的指向和铸就。艺术家有权张扬自己的艺术个性，展示自我的设计理念，但这种设计同时又是面向公众的，具有公共性的。

图1.63　人民英雄纪念碑浮雕《五四运动》

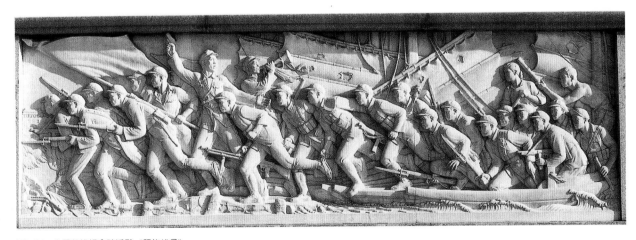

图1.64　人民英雄纪念碑浮雕《解放战争》

因而，通过艺术的感召传达公共精神是进行艺术创作的合理内核和必然归宿。实质上，艺术所传达的公共精神是人性的一种表征和显现，是对人之为人的不懈的追求，是使人最终臻于真善美圆成自在的精神昭示。在公共艺术的世界中，艺术家在自我展现的过程中与他人相遇，这便构成自我和他者之间的交流沟通，这种交流和沟通，即是自我和他者之间的生命的交流和对话，生命与生命的相沟连、相依偎。这也即是公共艺术设计的理念所在。公共艺术设计的责任重大，因为公共艺术设计的投资既有政府或社会公益性团体的行为，又有个体或企业的行为，但主要还是政府的公共行为，即使是个体或企业行为也必须在政府规范下进行。从这个意义上来说，公共艺术设计的投资是一种典型意义上的公众行为。其中人民大众是常以纳税人的身份而出现的，他们是公共艺术设计的直

图1.65　交流沟通

图1.66　公共艺术

接或间接投资人。现今的国家和地区，对公共艺术设计的投入都逐渐开始有明确的制度或法律规定。所以，其功能属性显然是与公共环境和公众利益紧密相连的，它不是艺术家孤芳自赏的自娱自乐产品。作为艺术家个人自己工作室里陈放的作品，或者作为艺术家个人展览的作品，任意设计都可以，因为这不侵犯别人的权益。但是作为公

图1.67　公共艺术

图1.68　行为艺术1

图1.69　行为艺术2

共艺术，那它就不仅是艺术家个人的事情了，而是占有公共资源的一种特殊"产品"，作者就应该以高度的社会责任感和认真负责的精神对公众负责，为他们提供合格的产品——公共艺术的精品。这个产品要与公众进行充分沟通和互动，并体现一定时期公众主流的审美情调。雅俗共赏、收放有度、引导公众提高审美能力，并满足各种上述功能所需，这才是公共艺术设计师们所必须达到的境界和责任。

思考题

1. 什么是公共艺术设计？它与普通艺术有什么区别？

2. 公共艺术设计有哪些主要功能和特征？

3. 理解公共艺术设计的理念和责任。

作业安排

1. 以讨论或提问的方式，测试学生对公共艺术概念和理论的掌握程度。

2. 举例说明公共艺术设计在我国的发展现状与未来前景。

第 2 章　公共艺术设计的内容和形式

导读：

本章简述题材内容和艺术形式的选择，并介绍几种常规公共艺术设计形式的种类。

目的和要求：

通过本章的讲授，主要让学生了解公共艺术设计的内容与形式，以及特点和功能，要求其学会针对具体的公共场所选择和确定公共艺术的内容与形式。另外，通过五种艺术形式安排本章课程，并进行专业技法学习和训练。

图2.1 敦煌壁画1(宗教)

图2.2 敦煌壁画2(宗教)

图2.3 袁运生 首都机场壁画(审美)

第一节 题材内容和艺术形式的确定

公共艺术设计与城市雕塑、景观艺术、环境艺术相比较，除了强调公共性，更加强调与公众的交流与互动以外，在价值观方面，还要尊重不同文化的差异性，倾听不同的意见，承认不同的选择，肯定不同的方式，从而体现出多元化的特征。公共艺术的多元化打破了传统城市雕塑和景观艺术所强调的视觉审美、趣味的"正面性"、功能的"纪念性"等特点，呈现出新的开放意义。

公共艺术设计作品在题材内容上，往往是选择通俗易懂、雅俗共赏、充满趣味性和互动性并表现业主和公众意愿的内容。如当地文化、传说故事、企业精神、美化环境、休闲娱乐等功能性题材内容，这些都需要设计师与业主和公众们反复沟通并深入论证来共同完成。

公共艺术设计的表现形式则要根据现场的各方面条件、功能需要、经费投入，以及业主与公众所喜爱的艺术形式进行选择。

第二节 常规的艺术形式种类

公共艺术设计的艺术形式有很多，种类不胜枚举。而且随着社会科技的迅猛发展和艺术语言的不断丰富、边缘艺术和综合形式不断创新，以及人类活动空间的不断拓展和对环境审美诉求的不断提高等，公共艺术的艺术形式也随之得到了不断的丰富与发展。为了基础教学的方便，我们选择最具典型性的几种常规艺术形式进行讲授。

特征：① 不依赖于特定环境
② 开放.(禅)
③ 多样性

图2.4 刘秉江 壁画(审美)

图2.7 罗马西斯廷教堂壁画(宗教)

图2.5 地铁壁画1(装饰)

图2.6 地铁壁画2(装饰)

图2.8 教堂玻璃镶嵌(宗教)

征用：

图2.9　地铁壁画3(装饰)

图2.10　罗马地铁壁画1(装饰)

图2.11　罗马地铁壁画2(装饰)

图2.12　罗马地铁壁画3(装饰)

图2.13　欧洲铁路旁涂鸦壁画(随意弥补)

图2.14　欧洲铁路旁涂鸦壁画(随意弥补)

图2.15　里昂地铁壁画

图2.16　法国休闲吧壁画(商业)

图2.17　三维空间壁画1(娱乐)

图2.18　三维空间壁画2(娱乐)

1. 壁画

　　壁画是利用建筑空间及其内外环境,在室内墙壁、承重柱、天花板和地面上以及室外墙壁上进行绘画,或者通过某些材料和工艺手段以及现代科学技术制作完成的装饰作品,作为艺术形式装置于人类生存的环境之中。壁画的主要特征是它的审美价值不是通过展览会的墙壁来体现,而是必须依附于特定的建筑内外墙壁或空间环境之中。其次是它的公众性和开放性,以及外形、空间、造型、色彩、材料、工艺、内容、形式、科技等方面的丰富多样性。从现代环境设计的角度来理解,壁画这一公共艺术形式与建筑环境的有机结合,形成相互作用的一个整体,同时也相互制约着。而正是这种相互作用和相互制约形成了壁画的鲜明特征、相互关系,以及审美价值和强劲的生命力。其作用主要表现在,建筑为壁画提供载体,而壁画赋予建筑宗教作用、纪念作用、宣传作用、教育作用、装饰作用、标记作用、弥补作用、娱乐作用、商业作用、审美作用、精神作用、随意性视觉临时作用等。其制约主要表现在:建筑制约着壁画的尺寸、外形、风格、色彩、材料、内容和形式等,而壁画在与建筑必须和谐统一的同时,也制约着建筑的空间环境和使用功能等。要处理好壁画与建筑的关系就要使其以和谐的方式与空间环境相近,在人为的空间限定里,维护墙壁的有限价值,壁画与墙面的二维空间的平面性在感觉上保持一致,壁画与墙体建筑的风格、意境、色彩、材料构成对比与协调关系,形式与建筑空间有所关联,形成一个完美的空间。

图2.19 奥地利多瑙河畔壁画(娱乐)

图2.20 巴黎蓬皮杜广场壁画(宣传)

壁画作为建筑整体中的一部分,在设计之前都需要与以上因素一起综合考察,其规格、色彩、材料、内容与形式必须服从于建筑的使用功能、风格和空间环境的需要。壁画的表现形式因材料各异而有很多,如布面油画、漆画、丙烯画、水粉画、布贴画、陶瓷壁画、分层壁刻、玻璃镶嵌、马赛克镶嵌、石料镶嵌、金属工艺处理、纤维艺术,以及向浮雕方面延伸的各种材料的边缘综合艺术等。

2. 浮雕

浮雕是公共艺术设计的重要形式之一,它是以可塑性材料或可雕刻性材料制作出的具有实在体积,并在有限的塑造空间里对自然中的物体进行体积上的合理压缩,使之成为介于二维和三维之间的"半立体"画面,也可以说是介于绘画与雕塑之间的一种艺术形式。一般多用于环境、建筑物、家具或生活用具和用品上,它除了具有普通造型艺术规律和审美价值外,更有其特殊规律和实用价值、与人们的生存环境有着十分密切的关系,可利用的范围非常广泛。

由于浮雕介于绘画与雕塑之间,所以它同时具有了绘画与雕塑的表现力,这也是它的最主要特征。绘画所难于表现的实际体积、肌理和触觉,浮雕都可以表现;雕塑难于表现的内容,浮雕却能更好地利用绘画艺术在构图、题材、空间和虚实处理等方面的优势,表现雕塑所无法表现的内容和对象。如时间、人物背景和环境气氛;叙事情节的连续与转折、不同时空和视角的自由切换、复杂多样事物的穿插和重叠等。平面上的雕琢与塑造,使浮雕能够综合绘画与雕塑的表现优势,发挥技法上的丰富性和多样化。二维空间的透视缩减,衬托主体形象的背景刻画或虚实,使浮雕的造型语言比其他艺术形式更加丰富,同时也更具有综合表现性。

图2.21 法国广场浮雕(高浮雕)

图2.22 美国公共艺术(高浮雕)

图2.23 美国高浮雕

图2.24 美国总统山(高浮雕)

图2.25 阿姆斯特丹建筑浮雕

图2.26 荷兰建筑浅浮雕

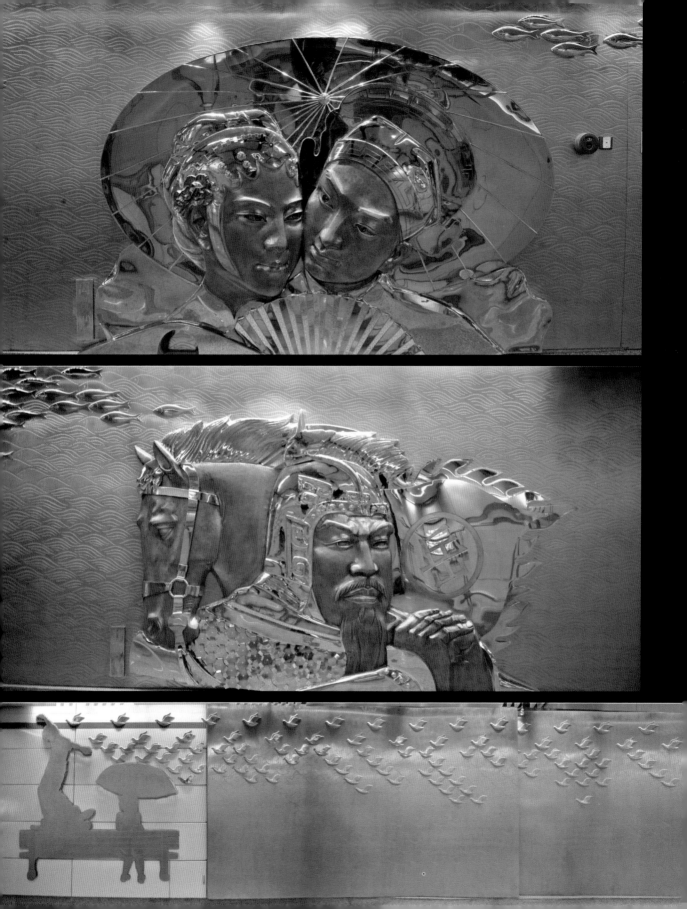

图2.28　法国马赛浅浮雕

由于空间形体被压缩的程度不同，以及局部的透空处理，形成了浮雕的三个种类：高浮雕、浅浮雕、镂空浮雕。

（1）高浮雕由于起位较高、较厚，形体被压缩程度较小，造型起伏较大，因此，在形体空间塑造上更接近雕塑，甚至部分局部完全采用雕塑的处理方式。高浮雕往往利用三维形体的空间起伏或夸张处理，创造出浓缩的空间体积感和强烈的视觉冲击力，使浮雕艺术语言的形象塑造表现魅力发挥得淋漓尽致。这种形式较多采用写实的手法，出现在大型纪念性广场和主题性公园或建筑旁。

（2）浅浮雕起位较低、较薄，形体被压缩程度较大，造型起伏较小，更加平面化。因此更接近绘画形式，它并不是用实体

图2.29　比利时浅浮雕

图2.31　奥地利浅浮雕

图2.30　曾成钢《远古神话》（浅浮雕）

图2.32　亨利摩尔（透雕）

图2.33 镂空焊接

图2.35 中国园林(透雕)

图2.34 透雕

图2.36 龙翔 《金秋》(透雕)

来表现空间,而是利用绘画的透视、虚实、肌理、错觉等手法来表现形体空间,这更能加强浮雕适合于载体的依附性,因此更具有装饰性,常用在大型建筑内外墙壁和日常生活中,甚至小到硬币上面等。

(3) 镂空浮雕也称为透雕,就是把浮雕的底板除掉,对浮雕的造型进行局部的透空处理,保留其有形象的部分,形成虚实空间对比和正负形体并存的浮雕形式。由于它在空间上的通透,通常不像雕塑那样沉闷,并且在光影变化上更显丰富,造型上也更加清晰,还有正反两面欣赏的功能。用途也非常广泛,多用于园林隔断、屏风、漏窗,以及大厅墙面等建筑物的装饰上。它既可以分隔空间,又能隔而不断,为环境增添几分若隐若现的情趣。

图2.37 镂空浮雕

图2.38 透雕

图2.39 三亚南海观音像

3. 雕塑

"雕塑"既是名词也是动词，在中国《辞海》中的解释是："雕塑，造型艺术之一。是雕、刻、塑三种制作方法的总称。以各种可塑的(如黏土等)或可雕可刻的(如金属、石、木等)材料，制作出各种具有实在体积的形象。"随着时代的发展，雕塑越来越被社会重视和广泛使用。这个趋势体现出人们对环境的新需求，也正是这个需求，使雕塑与公共艺术设计紧密地结合起来，用来满足人们除了生理需求、生活必要等基本功能以外的心理体验、审美价值和精神追求，并且融入了公众参与和互动的功能，不断地提高人类的生活品位。因此"雕塑"是一种传统的三维空间

图2.40 拉汀芳斯大拇指

视觉形象艺术与公共艺术相结合的产物，也是艺术与科学的一个综合体。随着社会生产、经济、科技、文化和人们需求的发展，这种类似的综合体将越来越多。特别是进入21世纪以来，世界发生着剧烈变化，科学技术迅猛发展，网络、信息、战争、变革以及思想意识形态的飞跃，个性的解放、思维的觉醒、对事物的怀疑以及深刻的反思等反映到艺术领域，首先就是对传统的反叛，也正是这种反叛导致了艺术领域的革命。对空间和形式的全新探索，新材料、新技术的开发以及现代科学技术的应用，使雕塑艺术与其他学科的界限越来越模糊，因此用解释传统雕塑的语言来解释当代雕塑，现在看来已经明显过时了。为了方便教学，笔者在参考大量文献资料后，尝试着给当代雕塑定义如下：雕塑是指用雕、塑、刻、堆砌、焊接、敲击、编织、装置等手段，以天然或人工材料加工或合成，占有三维空间以上的，具有审美价值和公共艺术性质，以及某种实用功能的人工制品，它是造型艺术与现代科技相结合的一门综合性学科。

当代雕塑与传统雕塑的不同之处主要在于其公共性和功能性，因此除了传统雕塑所具备的纪念、教育、传播、装饰、美化等基本功能以外，当代雕塑还有以下几种功能：

1) 标志功能

随着城市的现代化建设发展，导致难以避免的单调、贫乏、缺少个性的现象，而用景观雕塑来区别于其他城市环境、装饰建筑、道路和新区等是一个很好的办法，它既是一个形象记号，又能反映出其特征和美的感受。

图2.41 拉汀芳斯米罗雕塑

图2.42 布鲁塞尔尿孩

图2.43 巴黎拉汀芳斯

2) 商业功能

景观雕塑在现代商业社会中还充当了立体广告的角色,起到烘托气氛、装饰门面、加深印象、富有趣味、传播信息、统一形象等作用。如肯德基、麦当劳门前的人物彩塑。

图2.44 肯德基

图2.45 麦当劳

图2.46 柏林商店公共艺术

3) 实用功能

景观雕塑从属于某个环境，服从于某种功能，既有观赏性又有实用性。如用雕塑来装饰喷泉、建筑、墙壁等。

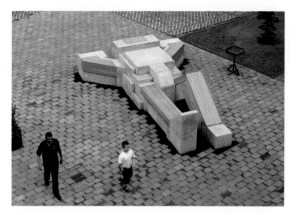

图2.47 公共设施1

图2.50 路牌指示

图2.48 公共设施2

图2.51 公共设施3

图2.49 建筑装饰1

图2.52 功能建筑

图2.53　装饰喷泉1

图2.54　建筑装饰2

图2.55　装饰喷泉2

图2.56 建筑装饰3

图2.57 游乐场所

图2.58 公园雕塑

图2.59 滑梯娱乐

图2.60 娱乐雕塑1

图2.61 娱乐雕塑2

图2.62 娱乐雕塑3

4）娱乐功能

很多娱乐场所都以雕塑的造型和雕塑的过程作为娱乐项目，如海滩沙雕、北方冰雕、堆雪人等群众参与的公共艺术活动，由于具有互动性，逐渐变成一种时尚，深受人们的喜爱。

雕塑的表现形式主要有具象、抽象、装饰三种，另外还有静止和运动两种形态。

（1）具象是指写实的，具有具体形象的，人们一眼便能识别出的具体自然事物，如人物、动物等自然界存在的物品或人工制品。

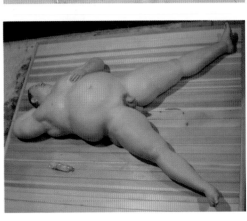

图2.63　超级具象雕塑(组图)

图2.64 具象雕塑1

图2.65 具象雕塑2

图2.66 具象雕塑3

图2.67 具象雕塑4

图2.68　具象雕塑5

图2.69　具象雕塑6

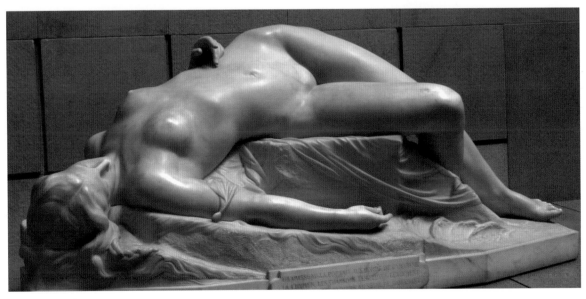

图2.70　具象雕塑7

图2.71 具象雕塑8

图2.72 汤守仁 《活丰收》

图2.73 匈牙利具象雕塑

图2.74 汤守仁 《林多娜》(青铜)

图2.75 具象雕塑9

图2.76 具象雕塑 10

图2.77 具象雕塑 11

图2.78 维也纳广场具象雕塑

图2.79 匈牙利具象雕塑

图2.80 维也纳国立美术馆雕塑

(2) 抽象是相对具象而言的,而不是没有形象。"抽象",顾名思义,就是把具体形象抽取一部分最本质的属性,撇开非本质的表面现象,直接表现事物的本质、寓意和内在结构,也就是人们一眼很难识别出的形象,如几何形、随意形等没有明确的具体事物的造型。

图2.81 奥地利广场抽象雕塑

图2.82 抽象雕塑1

图2.84 抽象雕塑3

图2.83 抽象雕塑2

图2.85 抽象雕塑4

图2.86 抽象雕塑5

图2.87 抽象雕塑6

图2.88　抽象雕塑7

图2.89　抽象雕塑8

图2.90　陈钢　《金梭银梭》（抽象雕塑）

图2.91　陈钢　《中秋映月》（抽象雕塑）

图2.92 法国巴黎拉汀芳斯抽象雕塑

图2.93 奥地利萨尔斯堡抽象雕塑

（3）装饰是鉴于前两者之间的形式，是把具体的形象加工、提炼和概括，根据某种需要进行强调、夸张和变形，使之更具美感、更强烈、更理想化，创造出一种具有装饰功能、并可识别的新形象。

图2.94 杨奇瑞 《仇娃参军》

图2.95 装饰雕塑1

图2.96 装饰雕塑2

图2.97 陈云岗 《老子》

图2.98 装饰雕塑3

图2.99 装饰雕塑4

图2.100 杨奇瑞 《稻草人》

图2.101 装饰雕塑5

图2.102　曾成钢《山鬼》

图2.103　曾成钢《鉴湖三杰》

图2.104　曾成钢《水浒人物系列》

图2.105　曾成钢《大觉者》

图2.106　刘正作品

图2.107　装饰雕塑6

图2.108　装饰雕塑7

图2.109　装饰雕塑8

图2.110　活人雕塑1

图2.112　活人雕塑3

图2.113　活人雕塑4

两种形态是：①静止，指静止不动的物体雕塑。②运动，指活动雕塑，也就是造型在不断变化的雕塑，包括风动雕塑、水动雕塑、电动雕塑、活人雕塑等。

任何艺术均有其自己特有的艺术语言，雕塑也不例外。艺术语言是各种艺术创作的材料和媒介的总称，也就是说它既是构成艺术作品的必备材料，又是表现艺术作品的情感和意志、沟通作品与读者的媒介和工具。每个艺术门类都有其自己独自拥有的特殊语言，想了解这门艺术，首先要弄懂它区别于另外艺术的艺术语言的特性和特征。艺术语言不等同于艺术作品，它只是一种结构，完成艺术作品的组成元素，就像高楼大厦与组成它的钢筋、水泥、砖瓦等材料的关系一样。艺术语言并不是固定不变的材料和媒介，在艺术发展的历史过程中，它也在不断地发展、变革和丰富，并且，就像不断发明出新的建筑材料一样创造出新的艺术语言元素。同样是雕塑语言，在不同的时代、不同的艺术家、不同的设计师手中会有不同的艺术效果，创造出截然不同的艺术作品。因此，如何巧妙、创造性地驾驭艺术语言，也是雕塑作品成败的关键。雕塑的艺术语言大体可分为四个基本因素：形体、空间、材料、工艺。

图2.111　活人雕塑2

图2.114　风动雕塑

图2.116　电动雕塑2

图2.115　电动雕塑1

图2.117　静止雕塑

图2.118 静止雕塑

图2.119 静止雕塑

(1) 形体：形状和体积。这是雕塑最基本的语言，也是最重要的因素。形状是我们眼睛把握物体的基本特征之一，它所涉及的是除了物体在空间的位置和方向等性质之外的那种外部形象，不管怎样放置、放在何处，其边缘轮廓便展现了它的形。这种形在三维物体中边缘是由二维的面围绕的，因而体积则是形状的厚度和深度。点、线、面、体是形的基本因素，就像音乐中的7个音符一样，灵活运用、巧妙组合能创造出千变万化、无穷无尽的美妙乐曲。同样用点、线、面、体的材料做出的方、圆、三角、凹凸等诸多形体的复杂或单纯的组合，也可以创造出千变万化、无穷无尽的具象或抽象的各种形体的雕塑。这些造型既传达着作者的某些信息，又能感染与影响公众和环境，起到它特有的"用形体说话"的作用。

(2) 空间：雕塑的空间语言有双重含义。

①自然界所有物体都占有一定的空间，雕塑本身也同样占有着三维空间，它是通过材料使其精神形象实现在一种占有空间的形体上。

②雕塑与环境的空间关系以及在环境空间中的作用，或者说是围绕着雕塑的虚空间，受雕塑的影响所造成的特殊氛围，如围和空间、穿插空间、分割空间、引导空间、渗透空间、贯通空间、凝聚空间、均衡空间等各种效果和作用。

不理解空间，就无从认识雕塑，空间虽然看不见摸不着，但是其作用无限、魅力无穷，所谓"视觉磁场"也正指的是这个空间效果和张力。雕塑的主要目的和作用是创造环境和空间、美化生活，因此空间是雕塑非常重要的语言因素。空间的语言效果和作用是非常丰富的，各种流派对空间的认识都不相同，长期以来，现实主义、浪漫主义、超现实主义、印象主义、构成主义、立体主义、未来主义、抽象主义、光效主义、极少主义、环境艺术、大地艺术等流派的艺术家们创造了大量的、各种不同的、美妙的空间效果，为丰富雕塑的空间艺术语言作出了巨大贡献。

另外，新材料的开发应用也增加了雕塑的空间语言，如镜面反光材料，由于可以反射周围环境空间的影像，而加强了深度幻觉，雕塑、环境与公众三者交融和互动，扩大了公众的视觉空间和心理空间，增加了艺术趣味。还有透明材料隔而不断的通透、光导纤维等发光体的奇妙、活动雕塑的空间变换，以及现代装置艺术的综合效果等，都充分地发展了景观雕塑的空间语言。

(3) 材料：雕塑依靠材料来体现，材料是雕塑的载体，没有材料就没有雕塑。不同的材料有不同的质感和美感，可以表达不同的艺术个性和艺术效果。如花岗岩的粗犷和坚硬、汉白玉的纯洁和高雅、铸铜的庄重和古朴、不锈钢的现代和冷峻、木材的自然和亲切等。在雕塑设计中要根据创意和内容来选择材料，最大限度地挖掘和发挥材料的材质美，掌握各种材料的特性与加工技巧，因艺施材、因料施术，避免沦为材料和形式的奴隶、技术的匠人。材质美包含肌理美和色彩美，肌理美有两种：自然肌理与人工肌理。自然肌理是材料本身自然生成的，或在客观条件作用下形成的材质状态，如木材的纹理、石材的颗粒组织、铸铜的铜锈等；人工肌理就是人为造成的，主要是指用工具加工材料时遗留下的制作痕迹，如手迹、刀痕、锤印、笔触、磨光等，人工肌理也正是体现作者思想感情、精神状态和个性风格的最佳手段。能用来制作景观雕塑的材料非常丰富，常用的材料主要有两个大类：①自然材料：石材(花岗岩、大理石等)、木材、泥土、沙子、冰雪、水流等。②人工材料：石膏、塑料、玻璃钢、玻璃、各种金属的铸造和锻造(铜、钢、铁、合金等)、水泥、陶瓷、砖瓦、纸张、橡胶、棉麻和化学纤维，以及现代综合材料的堆砌、焊接、光电装置艺术用材等。

总之，"雕塑要靠材料说话"。世界上的一切具有相对稳定或能够形成形状的物质，都可以作为雕塑的材料，关键要善于探索发现和巧妙利用，才可能达到"化腐朽为神奇"的艺术效果。

(4) 工艺：任何形体、空间、材质都必须经过特种工艺进行加工制作才能成为雕塑，才能传达其艺术语言。因此，工艺也是雕塑语言的一个重要因素。各种不同的材料都有它独特的制作工艺，同一种材料用不同的工艺加工制作，也会传达出截然不同的艺术语言，产生另外的艺术效果。在国内，雕塑的加工制作工艺大部分是靠厂家来完成的，往往由于厂家对艺术的不解和技术的欠缺，最后导致作品艺术效果的损失，甚至彻底失败。因此，作者必须参与并指导厂家共同合作完成。当然，最好是作者自己能亲自加工制作完成，这就要求雕塑家能够充分了解各种材料的性质，熟练地掌握各种材料的加工工艺，灵活运用相应的工具，按照一定的操作方法和程序进行加工制作，才能使作品达到艺术和技术的完美统一。雕塑的制作工艺非常丰富，归纳起来可分为翻制、雕刻、改变、编织、合成五个大类。

①翻制：把泥塑等软体塑造物翻制成石膏、水泥、玻璃钢、铸铜、铸铁等，也就是通过模具再复制一个相对结实的硬体物。其特点是生动准确，连细微的塑痕肌理都可以表现出来，工艺较复杂，多用于写实和装饰性雕塑。

②雕刻：把实材(各种石料、木材等)用工具直接雕刻，其特点是工序简便直接、可应物象形、因材施艺，能充分体现材质美、肌理对比鲜明，工艺水平要求很高。用来直接制作抽象作品和装饰作品效果很好，但如果用来复制写实作品，虽然目前有点线仪和电脑雕刻机等辅助设备，但造型还是较难准确生动，容易走形或走神，除非作者亲自动手制作，才有可能达到完美统一的艺术效果。

③改变：指的是用人工改变材料的形状。主要有锻造、弯曲、挤压等。锻造是把金属板材(不锈钢、铜、铁等)根据造型需要进行锤击敲打，使其凹凸变形，用铆、焊等方法连接扩大成一个完整的造型，再用砸点、喷砂、抛光等肌理效果处理表面。弯曲是把条状或线状金属材料，通过弯曲、组合成雕塑。挤压包括金属压模，塑料、橡胶、玻璃钢、水泥等均可以通过挤压成型，制作成雕塑。改变的特点是成本较低、施工速度较快，适合于制作较抽象的大型城市雕塑。

④编织：编织物也叫纤维艺术、壁挂或软雕塑，主要指用棉、麻、化纤等各种材质的纤维，通过艺术家创造性的编织、组合成占有三维空间的雕塑或浮雕。其特点是装饰性很强，造型柔软可变，多用于室内空间的装饰。

⑤合成：焊接艺术和装置艺术多利用合成的工艺。主要是用同种或不同种类的材料制成数件造型，再把它们组合连接起来，也可以在组合中加入现成物品或直接用现成物品进行组合。组合连接的形式有平列、叠加、螺栓、钉拧、焊接、黏合、捆扎、编织等。甚至与现代科技相结合，融入光、电、声、水、气、味等因素进行综合表现。合成的制作工艺非常自由、方便，打破了传统雕塑制作工艺的束缚，刷新并丰富了现代雕塑艺术语言的表现力，开拓了前卫艺术广阔的新天地，是当代雕塑艺术家们酷爱的工艺之一，具有非常旺盛的生命活力，多用于表现个性、意念、感受、装饰或使公众与之互动的公共艺术。

总之，随着时代的进步，工艺种类和水平也将不断增加、刷新、变革和提高，设计师们要善于学习新知识，掌握新材料、新工艺，巧妙地运用雕塑艺术语言，创作设计出更多、更好、更新的雕塑作品，为我国现代化城市建设和人类文明贡献力量。

4. 现代陶艺

现代学者把具有欣赏和实用功能相结合的古代传世下来的作品称之为传统陶艺，将以单独欣赏为主，以陶泥、瓷泥等多种材质、多种温度烧制成的单件艺术作品，称之为现代陶艺。现代陶艺属于现代陶瓷科技与现代艺术相结合的公共艺术范畴。它不仅是泥釉与火焰合成的艺术，而且更是绘画与雕塑等多种造型艺术语言借助于陶土传达情感、文化、理念的载体。由于它具有较强的公共性与偶然性，因此现代陶艺也是公众参与和互动的最佳公共艺术形式之一。

目前国内外陶艺发展得非常普遍，从小学到大学都有陶艺课，甚至某些家庭也有了陶艺作坊，还出现了一些个人经营得陶艺工作室，许多宾馆饭店、休闲娱乐等公共场所也摆放陈设着陶艺家的作品。随着陶艺热的逐步升温，陶艺制品获得越来越多人的青睐，甚至亲手做陶艺已经成为人们工作学习之余放松精神、释放自我的又一休闲娱乐方式。

现代陶艺的特点丰富多样，作品千姿百态，材料既有陶也有瓷，还有釉，高温、中温、低温所烧制的效果均有所不同，还有一次烧成和多次煅烧之分。造型既可以用传统的泥条盘筑，也可以用泥板拼接成型，还可以用电动快轮成型。每件陶艺作品都是手工单件原作，拉坯、配釉、烧窑等每道工序都是作者亲手完成。这些作品，是作者通过自己的设想和技术规范，突破工艺上的严格制约，采用某些特殊工艺来表达情感、理念和个性的特殊载体。使每一件作品都不重复、不雷同，因此每件作品都是单独的一次冒险、一次探索，追求的是独特的艺术价值。它在材质肌理的探索中，所创造出来的纯朴自然美感是其他艺术形式不可比拟的，主要表现在可塑性、技法丰富性、肌理美、釉色美方面。

(1)可塑性：泥巴经配料成陶土，非常细腻柔软有黏性，可以通过任意搓揉、拍打、拉坯、堆塑等，制成丝绸一样的薄片，也能塑造出比真人还大的立体造型。经过火的煅烧后却能成为比石头还坚硬的永恒材质。

(2)技法丰富性：可采用泥条、泥板、手按、模压、针刺、刀削、贴合、雕刻、重叠、变异、挖空、打磨、

图2.120　全民参与陶艺

图2.121　陶瓷马赛克雕塑

图2.122　拉坯

图2.123　陶艺公共艺术

图2.124　传统陶艺九龙壁

图2.125　刘正的陶艺雕塑

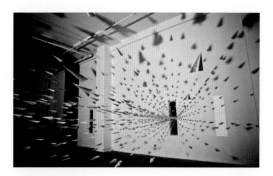

图2.126　装置艺术1

图2.130　纤维艺术3

图2.127　装置艺术2

图2.128　纤维艺术1

图2.131　装置艺术3

图2.129　纤维艺术2

图2.132　装置艺术4

拼接等多种手法，而每一种手法都会产生独特的美感，如果同时采用多种手法来完成一件作品，陶艺语言更为丰富。

(3)肌理美：陶艺的肌理美表现在胎质的成色和粗细的对比上，能通过掺沙、刮毛、不同颜色的泥巴绞胎，或加入氧化铁、氧化铬等色剂丰富肌理。

(4)釉色美：釉是一种流动的玻璃液体，可以在基础釉上根据自己的设想添加各种着色氧化金属，通过火焰烧制后，能产生各种不同的色彩，并且色彩之间有流动的、喷洒的、相互渗透的等自然肌理，非常丰富。

5. 纤维与装置艺术

纤维与装置艺术是以天然的动、植物纤维或人工合成的纤维，各种皮毛、金属、木材、石材、陶瓷、玻璃、塑胶等科技合成材料，以及所有的用品、用具、零件作为原材料，运用编织、环结、缠绕、缝缀、粘贴、焊

图2.133 纤维艺术4

图2.134 纤维艺术5

图2.135 装置艺术5

图2.136 纤维艺术6

图2.137 纤维艺术7

图2.138 纤维艺术8

图2.139 纤维艺术 9

图2.140 装置艺术 6

图2.141 纤维艺术 10

图2.142 装置艺术 7

图2.143 纤维艺术 11

图2.144 纤维艺术 12

接等多种制作手段，创造平面、立体形象的一种艺术。它可以用来制作服装鞋帽、佩饰、生活日用品、室内外环境装饰品，还可以是艺术家借以抒怀言志，表达爱恨情仇、喜怒哀乐的艺术载体。它既是实用艺术，更是超功利的公共艺术。纤维与装置艺术包括传统样式的平面织物(壁挂)、现代流行的立体织物(软雕塑)、装置作品(综合材料)、日用工艺美术品，以及在现代建筑墙壁和空间中具有丰富造型语言的公共艺术作品。

如今，纤维与装置艺术已经在中国的高校开花结果，一批热爱纤维与装置艺术的教育工作者正乐此不疲地耕耘在讲坛和工作室里。我国的纤维与装置艺术教育，已经初具体系规模。与此同时，理论文化的建设和研究，也逐步由感性到理性，由表层到纵深地发展着。纤维与装置艺术终将成为一门崭新的综合性、多元性与边缘性的艺术学科，存在于现代人类生存环境中，它的内涵丰富、风格独特、形式多样，能烘托人类与环境的和谐氛围，能显示出视觉美与触觉美的艺术魅力，能唤起人们对大自然的深厚情感，还能消除现代生活中大量使用硬质单调材料制品所带来的冷漠感。重新让"人情味"的"温柔"回归人间。纤维与装置艺术的无限开放性，更加体现出公共艺术的特征，并为设计师探索多元的纤维与装置材料、开拓崭新的艺术形式提供了广阔的空间。

图2.145　纤维艺术 13

图2.146　装置艺术 8

图2.147　纤维艺术 14

图2.148 纤维艺术 15

图2.149 纤维艺术 16

图2.150 装置艺术 9

图2.151 周小瓯 《封存》(装置艺术)

图2.152 纤维艺术 17

思考题

1. 如何确定公共艺术设计内容和形式?

2. 常规公共艺术形式有哪几种?

3. 说出一种您所感兴趣的艺术形式的特点和功能。

作业安排

每位学生选择一个公共场所或室外空间,确定一种内容与形式,设计一件公共艺术作品的草图。

第 3 章　公共艺术设计的策划

导读：

本章简要介绍公共艺术设计前的环境空间调查研究，使学生初步了解公共艺术设计与社会环境、公众空间的关系，以及所需进行的策划的概念和内容。

目的和要求：

通过本章的学习，主要让学生掌握如何进行公共艺术设计之前的调查研究，策划的内容，以及处理好公共艺术与社会环境和公共空间之间的关系。

图3.1　包裹德国国会大厦

图3.2　柏林飞机博物馆

图3.3　柏林亚历山大广场公共艺术

图3.4　德国柏林公共艺术

第一节　公共艺术设计的环境空间调查研究

公共艺术设计的环境空间调查研究，是公共艺术设计之前的首要任务。我们在接受政府或业主委托之前，或者是参加某地区公共艺术项目招投标之前，首先要对现场进行实地考察，并对其环境空间作一个深入细致的调查和研究。充分了解当地现场的空间大小、尺寸、比例，现场环境的用途、内容、形式、色彩和材料，以及业主们的意向和当地的文化习俗等。必须掌握实地现场的平面图、立面图和剖面图。以便根据现场环境空间调查研究，有针对性地选择恰当的公共艺术内容和形式，进行之后的项目策划和方案设计。

第二节　公共艺术设计与社会环境、公众空间的关系

社会环境这个概念具有很大的延伸性，它可以是人类建筑内外的、单位的、公园的、街道的、社区的，也可以是城市的、乡村的，甚至是民族的、国家的；特定的环境空间均有其特殊的自然、人文环境，他们构成公众从事各种活动的背景。同时也构成了公共艺术的公众空间，而公共艺术的公众空间特征在于它不是放之四海皆准、普适性的。恰恰相反，它必须是针对特定社会环境的，这也就是说，公共艺术永远是受到场所限定的，在甲地是一个很好的公共艺术作品，如果被移植到乙地可能就不一定好，这就是因为它所特定的社会环境变化，公共艺术作品

图3.5 德国柏林功能建筑

也随之变化了。所以我们必须根据当地的社会环境所特有的公众空间进行公共艺术设计。

　　我们在一个敞开或闭合的空间中，随意放置一个物体，这个物体立即变成这个空间里的一个凝聚焦点，在它的周围也马上形成一个视觉"磁场"，也称之为视觉场。公共艺术以其自身的造型和色彩语言影响着周围的空间和环境，同时通过它的形体切割空间，使空间相应出现一个变化的轮廓，实和虚的两个轮廓相互依存、转换，在视觉场中形成某种张力而令人得到一种视觉上的快感或愉悦。

　　公共艺术是社会环境的一个点，它显示公众空间的存在，并被公众空间所包围。它的周围有自然的环境因素，如阳光、空气、绿化、山河湖海；有建筑因素，如房屋、道路、桥梁；有车辆人流因素；有其他设施，如路灯、招牌、广告；还有无形的声音、温度、湿度、气流以及历史、文化底蕴、风俗习惯等因素，这一切都影响着公共艺术的本身，并与之互动，相互对比与调和，构成一个整体社会环境。作为这个整体之一的公共艺术，必然受到其他因素的制约，同时也反作用于其他社会环境因素，满足公众的物质、精神与视觉上的需求和享受。

图3.6　荷兰穆勒森林公园活动雕塑

图3.7　荷兰穆勒森林公园公共艺术1

图3.8　荷兰穆勒森林公园公共艺术2

第三节　公共艺术设计的策划

"策划"一词在《现代汉语词典》里的解释是"筹划，谋划"，随着改革开放的发展，它逐渐出现在经济、文化等各个领域，现在已经演变成为一门"行业"或"专业"。可以这样说：对策划的强调与重视，正体现出在信息时代里，人的主观能动性的最大程度的开发和利用，也是预见过程和未来的最好方法。所以，一切对于结果有所预测并付诸实施的过程都可以称之为策划。公共艺术是策划的艺术，它强调公共性，它的策划和实施不再是单一的个人行为，而是与社会、与公众、与公共空间在相互作用中共同实现的。公共艺术改变了传统艺术"艺术家—作品—观众"这种线性的生产、消费流程，在公共艺术的过程中，始终强调公众的参与，甚至许多作品是由艺术家和公众共同完成的，公众的参与使公共艺术真正成为公众的艺术。

公共艺术设计的策划，就是根据当地现场的社会环境和对公众空间的充分调查研究，了解业主们的意向，有针对性的，制订预见过程和结果的公共艺术详细计划与实施方案，也叫项目策划方案。其内容包括：①现场环境和空间的调查与分析（需要设计的是什么地方、单位、场所、性

图3.9 维也纳皇家博物馆广场

图3.10 人体彩绘表演

图3.11 行为艺术

质、功能、文化等,具体有多大尺寸、空间或墙壁等调查与分析);②公共艺术内容与形式的建议与可行性报告(根据各方面调查研究来选择推荐恰当的艺术内容与形式,并进行可行性分析);③项目详细实施计划与方案(具体将如何实施);④项目预算(工程造价预测);⑤项目结果评估与论证(竣工后的效果以及各方面效益的预见论证)等。

思考题

1. 公共艺术设计的策划必须首先调查研究什么内容?

2. 怎样理解公共艺术设计与社会环境和公众空间的关系?

3. 公共艺术设计策划方案包括哪些内容?

作业安排

每位学生选择一个公共场所或室外空间,假设进行环境空间的调查研究,并撰写一篇包含考察研究报告的公共艺术策划书。

第 4 章　公共艺术设计的方法及材料应用

导读：

本章具体讲授公共艺术设计的方法、步骤以及材料种类的选择与合理应用。

目的和要求：

通过本章的学习，主要让学生学会公共艺术设计的方法步骤，了解各种材料的特点和性能以及恰当运用。

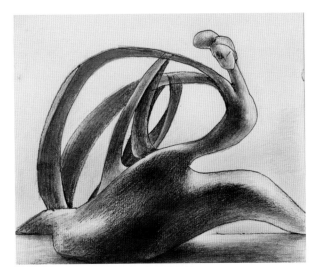

图4.1　草图1(汤守仁)

图4.2　草图2(汤守仁)

图4.3　草图3(汤守仁)

第一节　公共艺术设计的方法与步骤

1. 图纸设计

通过公共艺术策划并确定题材内容和艺术形式后，就要开始具体的图纸设计。设计从词源的角度说："设"意味着"创造"，"计"意味着"安排"。设计不是一个抽象概念，而是要把抽象概念转化为具体的艺术形象，也就是说运用艺术语言来表达设计作品，每种艺术形式均有其所特有的艺术语言，必须充分运用这些特有的艺术语言来传达设计思想和理念。

首先综合分析所掌握的现场各方面因素和情况，明确自己的设计思想和理念，用铅笔和铅画纸把自己的设计意图以草图的形式表现出来。这是一个从模糊到清晰的创作发展过程，也是设计过程中最艰苦的阶段。由于诸多情况和因素均可能给设计师提供创意内容和构思，因此设计思想在草图上的表现可能杂乱无章，各种因素相碰撞、感性创意与理性分析相结合，充满了探索性和方向性。所以必须先从整体构图出发，广泛运用创造性思维、发散思维、逆向思维等各种思维方式，逐渐从杂乱中理出头绪和方向，设计出多种构图结构和造型的变体稿，然后选择一个或几个最适合、最新颖的变体稿进行深入具体的刻画，有针对性地查找相关图片资料素材，充实其具体内容和造型。图纸要尽量考虑周到并设计得深入细致、刻画得充分完整，如果是三维空间以上的立体公共艺术形式，还必须设计制作立体稿模型、结构施工图，解决各个角度观赏效果、某种实用功能和公共安全等问题，以便之后通过电脑辅助设计出效果图方案。

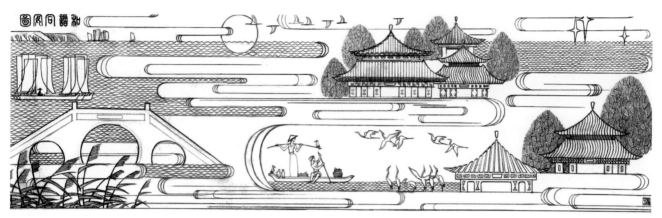

图4.4　长兴酒店浮雕稿(王焱)

图4.5　富阳浮雕画稿(王焱)

图4.6　生命赞歌浮雕稿(王焱)

图4.7　厦门海关浮雕铅笔稿(王焱)

图4.8 广场雕塑效果图(汤守仁、王焱)

2.电脑辅助设计

电脑辅助设计就是通过电脑,把设计好的图纸或立体稿制作得更加完善、真实和直观。先扫描或拍照图纸或立体稿,导入电脑。然后运用Photoshop等软件进行修饰、套索或裁剪,选择需要的部分,根据实际情况与现场环境照片相结合,再利用羽化、变换、仿制图章、调整、变化、喷笔、图层、滤镜等各种软件工具制作出透视、投影、肌理、实际材料色彩和环境色以及浮雕等艺术效果,制作出较为真实而直观的效果图方案。

另外,电脑辅助设计常用软件还有AutoCAD、CorelDRAW、3ds Max、Freehand、MAYA等,可根据不同设计需要进行选择和应用。

图4.9 西湖雕塑效果图(汤守仁、王焱)

图4.11 公园雕塑效果图(汤守仁、王焱)

图4.10 《丝竹》别墅雕塑效果图(汤守仁、王焱)

图4.12 《母子》公园雕塑效果图(汤守仁、王焱)

图4.13　《焱》商业街雕塑效果图(王焱)

图4.14　《邓小平与群众》雕塑效果图(汤守仁、王焱)

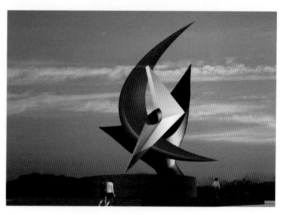

图4.16　《帆》江边雕塑效果图(汤守仁、王焱)

图4.15　《邓小平与烈士子女》群雕效果图(汤守仁、王焱)

图4.17　天水医院白求恩纪念碑效果图(汤守仁、王焱)

图4.18 同安法院浮雕效果图(王焱)

图4.19 《日》富阳法院浮雕效果图1(王焱)

图4.20 《月》富阳法院浮雕效果图2(王焱)

《明》

《日》整体构图采用传统公堂的"海上升明日"的形式，法律的光芒普照大地、光明正大。中间直立一位强壮的男人，右手高举着法剑、左手高举着法典。寓意运用法律武器，与邪恶进行斗争。光芒中有祥云、向着太阳飞翔的和平鸽，以及群山中的万里长城，象征着法律的祥和与坚固。

《月》"江上升明月"月光普照富春江。玉立一位美丽女人，右手高举天平，象征着法律公平合理。左手平持法锤，依法公平地宣判各种案件。画面左上端是五星红旗的一角，并有月光和星辰。法锤下方是人心所向。和平鸽正飞向光明。规矩的角尺和圆尺，代表着法律的衡量标准和尺度依据。"荷"与"蟹"寓意着社会的和谐。画面下部有果树等植物、富春江水，以及富阳风景名胜——鹳山，体现出美丽富饶的富阳之地方特色。

由《日》《月》两幅画面整体组合成的锻铜浮雕作品《明》。即："日月同辉"，反映着中华民族在法律光芒普照下的和谐景象。并蕴涵金、木、水、火、土的因素，丰富了自然资源与传统风水的需要。

设计者:杭州师范大学美术学院副教授 王焱、林国胜

图4.21 厦门海关浮雕效果图(王焱)

3. 设计方案展示与说明

设计方案是公共艺术作品雏形提供给甲方或业主审阅的重要依据,也是作者表达设计思想与艺术语言的重要途径之一,它包括设计图纸、设计效果图、结构施工图、设计说明文本和展板等。设计方案完成后,需提交给甲方或业主进行公开展示并征求公众意见,根据他们所提出的具体意见,再进行修改和完善。在此期间设计者需要与甲方、业主和公众反复沟通,通过与各方人士思想上产生共鸣并在各方面达成共识后,才能签订合同,以便进行后期的制作与施工。以上几个步骤非常重要,是决定公共艺术设计方案实施与否的关键所在,更是公共艺术作品成功与否的先决条件。所以设计方案必须制作精美、完善到位,设计说明文本或展板必须深入浅出、雅俗共赏、一目了然地表达出设计思想和理念。

4.设计制作与施工

签订合同、收到预付款后，就应该开始具体的设计制作与施工。设计制作不是简单的放大制作，而是公共艺术的再创作过程。平面的艺术形式需要放大制作，原有的设

图4.22 炎帝像泥塑制作

图4.23 炎帝像安装施工

图4.24 浮雕泥塑制作

图4.25 白求恩像泥塑制作

计图纸经放大后可能会出现很多问题，如内容空洞、结构不妥、造型刻画不够具体、色彩单调或图案细节模糊不清等。三维以上立体的艺术形式，模型经放大后，除了可能存在以上弊病以外，还会出现更多的问题，如空间处理、透视缩短、角度视点、环境施工、雨水流落、抗震防腐等问题。因此，为了适应具体环境，作者必须通过进一步的再创作，来充实完善公共艺术作品。通常公共艺术作品规模都比较大，一般不可能由作者独立完成，往往需要很多工序或众多人员共同施工。若要确保作品质量，作者还必须与其他施工人员充分沟通和协调，如合作者、放大工、翻制工、锻造工、雕刻工、铸造工、安装工以及相关工厂与施工队等，每一个环节都要把握质量和要求，准确地传达设计思想和理念，精细地塑造各种形象与造型。

图4.26 不锈钢雕塑施工现场

第二节　公共艺术设计的材料应用

1. 画布

画布是用麻、棉、毛、化纤等各种纤维材料，通过不同的工艺手法编织、纺织而成的平面材料，多用于绘制室内壁画的基质。由于每种画布的材质属性不同、纺织方法不同，故肌理效果也就不同了。因此可以根据题材内容和画面效果需要，恰当地选择这几种材料，粘贴到较干燥的墙面，作为绘制室内壁画的底面基质。

2. 颜料

颜料的种类有很多，常用的有水粉颜料、丙烯颜料、油画颜料、漆艺颜料、釉面矿物质颜料等，这些都是用来绘制室内壁画的重要材料。

水粉颜料用于壁画的历史最早，可以从中外古代壁画中得到见证。如我国北魏时期的敦煌石窟壁画、元朝的永乐宫壁画、传统的工笔重彩等都使用了水粉颜料。古希腊、古罗马地下墓室中的壁画也绝大多数使用颜料粉与胶质或蛋清调和制成的胶粉绘制，实际上都是早期的水粉壁画，甚至意大利文艺复兴时期艺术大师们所留下的壁画原作，有些也是用水粉颜料绘制的。水粉颜料的色彩效果以强烈、华丽、明快为特点，它那天鹅绒般的质感具有独特的艺术语言，适用于表现简洁明快、装饰性较强的画面。

图4.27　敦煌壁画(水粉)　　　　　　　　　　　　　　　　　图4.28　永乐宫壁画(水粉)

丙烯颜料是一种用化学合成胶乳剂与颜色微粒混合而成的新型绘画颜料。发明于20世纪50年代，丙烯颜料也有很多种类。国外颜料生产厂家已生产出丙烯系列产品，如亚光丙烯颜料、半亚光丙烯颜料和有光泽丙烯颜料以及丙烯亚光油、上光油、塑型软膏等。它的主要特点是色彩饱满鲜艳、有水溶性，且不掉色、抗腐蚀、灵活多变，速干与慢

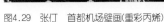

图4.29　张仃　首都机场壁画(重彩丙烯)

图4.30　丙烯颜料作品

干可通过延缓剂来自己掌握。它是绘制现代壁画的较为先进的材料,当下运用得非常广泛。

　　油画颜料是用透明的植物油调和颜料粉等辅助材料研磨而成,在制作过底子的布、纸、木板等材料上塑造艺术形象而形成的绘画材料。它起源并发展于欧洲,到近代成为世界性的重要绘画材料。它具有着色力、耐光力、遮盖力、透明度、吸油量、坚韧度、干燥度、可塑性、流平性和永恒性等很强的性能特点。油画颜料的各种性能可根据不同需要通过使用不同媒介剂和辅助材料来加以适当调整,从而充分发挥它丰富的艺术语言和材料特性。

图4.31　米开朗基罗　罗马西斯廷教堂壁画(油画)

图4.32　刘秉江　北京饭店壁画(油画)

图4.33 漆艺首饰

图4.34 漆艺家具

图4.35 乔十光 漆画

　　漆艺颜料俗称天然漆，也被称为大漆，是从一种呈羽状复叶的落叶乔木，即漆树身上分泌出来的一种液体，呈乳灰色，接触到空气后会氧化，逐渐变黑并坚硬起来，具有防腐、耐酸、耐碱、抗沸水、绝缘等特点，对人体无害。如再加入可以入漆的颜料，它就变成了各种可以涂刷的色漆，经过打磨和抛光后，能发出一种令人赏心悦目的光泽。最后再通过雕填、镶嵌、彩绘、脱胎、髹饰等手段就可以制成各种精致、美观的漆艺品了。漆画颜料以天然大漆为主要材料，除漆之外，还有金、银、铅、锡以及蛋壳、贝壳、石片、木片等。入漆颜料除银朱之外，还有石黄、钛白、钛青蓝、钛青绿等。漆画的技法丰富多彩，依据其技法不同，漆画又可分成刻漆、堆漆、雕漆、嵌漆、彩绘、磨漆等不同品种。漆画有绘画和工艺的双重性。现代漆艺主要包括漆画艺术和立体漆艺造型。中国的漆画是在我国悠久的传统漆器的基础上发展起来的，它既可以属于工艺美术范畴，也可以作为绘画的一个新品种，具有工艺美术和绘画的双重属性，是绘画和工艺相结合的边缘学科，近来也多用于壁画等公共艺术范畴。

图4.36 青铜抽象雕塑

图4.37 青铜具象雕塑

图4.38 青铜纪念碑

图4.39 青铜雕塑

图4.40 青铜时代

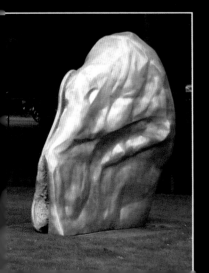

图4.43 废钢铁

图4.44 生铁

图4.45　不锈钢焊接

图4.46　不锈钢管

图4.47　黄铜

图4.48　不锈钢组件

图4.49 镀金

图4.50 不锈钢拉丝处理

图4.51 不锈钢

图4.52 钢材

图4.53　不锈钢喷漆

图4.54　不锈钢重组

3. 金属

在字典中的含义是金、银、铜、铁、钢、铝、合金材料等的总称。它具有光泽性、坚韧性、延展性、高温熔化、导电和传热等功能，它在公共艺术设计上的运用与时代的发展、科技的进步是分不开的。公共艺术应用较多的是铜、不锈钢、合金材料等。铜又分为青铜、黄铜、紫铜，青铜是铜与少量锡、铅、硅等元素按照一定比例合成的，呈紫青色，给人一种古朴、深远的感受。它遇到高温后具有很好的流动性，可以铸造极小的细节，冷却后质地坚韧，表面的氧化膜耐腐蚀，斑驳流淌的绿绣既增添了沧桑之感又强化了永恒性，是雕塑家们最喜爱的铸造材料之一。它不仅能铸造精确，还可以利用化学手段电解、腐蚀、喷涂、着色以弥补色彩的单一，创造出某些肌理丰富、美感独特的偶然效果。

图4.55　镜面不锈钢

黄铜和紫铜多用于板材锻造浮雕作品中，尤其是紫铜，也称为纯铜，质地相对比较柔软，易于锻造造型简洁、装饰性较强的大型浮雕，但内部需用钢结构支撑和固定。不锈钢是20世纪由铁、钢延伸出来的产物，自然呈银灰色，它有坚硬、清秀、明快、有光泽、耐腐蚀等特点，多用于造型简约的大型装饰性雕塑、浮雕或标志性公共艺术作品。另外，不锈钢通过打磨肌理或抛光、喷漆等工艺处理，还能出现各种丰富的表面效果，在现代城市建设中运用广泛。两种以上的金属元素或与少量非金属混合，被称之为合金材料，如铝合金、钛合金、锰合金等。合金材料在公共艺术设计上的应用是一种趋势，随着科技的发展将有越来越多的合金材料被运用到公共艺术作品之中。

图4.56　钢丝

图4.57 大理石1

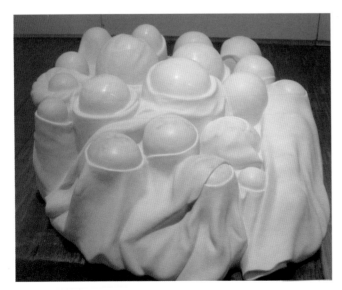

图4.58 大理石2

4. 石材

石材是构成地壳的自然坚硬物质，由多种矿物质集合而成。石材的种类繁多，属性各异，运用在公共艺术作品中的主要有花岗岩、大理石(汉白玉)、青石、砂石等。设计者必须了解不同石材的颜色和属性，以便根据创作内容与形式进行选择，因艺施料或因材施艺。花岗岩系火成岩，俗称火烧石，其特点为坚硬、颗粒粗、密度大、不易风

图4.59 大理石3

图4.60　大理石4

化，给人一种粗犷、豪放、敦厚朴实的感受，其在创作选材上适宜表现粗犷、概括、天然成形的题材内容和形式。大理石质地细腻、润泽、色彩纯净淡雅，犹如古典音乐般的恬静优美，适合表现写实、细腻、造型复杂微妙的题材内容和形式。而青石与砂石则多用于装饰浮雕、建筑装饰等艺术形式。在石材的制作上，基本使用减法雕刻，采用点线仪按比例放大制作。石材的自然成形感，经开采后直接应用的特征是其他材质所无法媲美的，它的永久性、冷峻坚强的性格深受古今中外雕塑家们的青睐。

图4.61 大理石5

图4.62 大理石6

图4.63　大理石7

图4.64　大理石8

图4.65　大理石浮雕

图4.66 花岗岩旋转喷泉

图4.67 花岗岩1

图4.68 青石

图4.69 花岗岩2

图4.70 火烧石

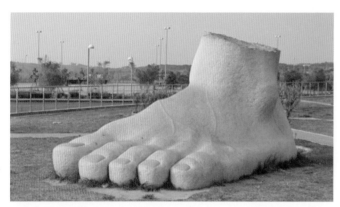

图4.71 花岗岩3

图4.72 火成岩

图4.73 砂石浮雕

图4.74 砂石

5. 木材

木材是能够次级生长的植物(如乔木和灌木) 所形成的木质化组织。这些植物在初生生长结束后，根茎中的维管形成层开始活动，向外发展出韧皮，向内发展出木材。木材的选择性很大，常用的有檀木、红木、橡木、楠木、樟木、柏木、松木、柚木、桃木、花梨木、黄杨木等，品种非常丰富。由于这些木材精致细腻，本身拥有自然纹理和清新香味，因此深受雕塑家们的喜爱，是木雕的理想材料。在室外环境选用木材创作公共艺术作品较少，因为它经日晒雨淋后容易开裂变形、发霉变质，经防腐剂浸泡等处理后，在室外条件下保存时间也不长，所以有不够永恒的局限性。因此木雕更适宜设置在室内环境中，在宾馆饭店等公共场所比较常见，也多用于工艺美术、现代浮雕等形式。现代木雕与传统木雕相比较，有很大的差异，传统木雕在制作上比较精致，讲究刀法的运用，不同的刀痕，表现不同的风格；而现代木雕中各种材料、造型、肌理、着色的灵活运用，具有更多新的丰富含义。

图4.75 法国木雕

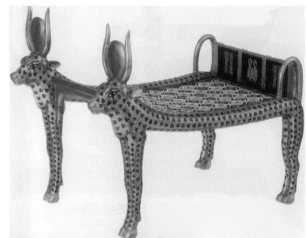

图4.76 非洲木雕1(组图)

图4.77 非洲木雕2(组图)

图4.78 埃及木雕

图4.79　匈牙利饭馆门前木雕

图4.80　意大利木雕

图4.81　中国木雕

图4.82　中国装饰木雕（潘松）

6. 玻璃

玻璃是一种较为透明的固体物质，在熔融时形成连续网络结构，冷却过程中黏度逐渐增大并硬化而不结晶的硅酸盐类非金属材料。普通玻璃化学氧化物($Na_2O \cdot CaO \cdot 6SiO_2$)的主要成分是二氧化硅。而二氧化硅是很难自然分解的，在自然环境下，需要100万年的时间才能被氧化分解。正是由于它的永恒性和挡风、遮雨、透光等特性，被广泛应用于建筑、医疗、科技、艺术以及生活用品等方面。玻璃的种类非常丰富，按工艺分类有热熔玻璃、浮雕玻璃、锻打玻璃、水晶玻璃、琉璃玻璃、夹丝玻璃、聚晶玻璃、玻璃马赛克、钢化玻璃、夹层玻璃、中空玻璃、调光玻璃、发光玻璃等。另外，陈设工艺品造型越来越多使用玻璃制造。半个多世纪以来，玻璃艺术设计以前所未有的深度和广度渗透到人们的生活中。在造型上同时运用不同种类的玻璃及制作工艺的手法大大超过玻璃发展史上的任何时候。其中，作为玻璃造型艺术领域的一个重要分支公共艺术玻璃，在当代玻璃艺术设计领域大放异彩，成为艺术家和设计师进行艺术创造的独特媒介。

图4.83 玻璃雕塑1

图4.84 玻璃雕塑2

图4.85 玻璃雕塑3

图4.86　玻璃雕塑1(组图)

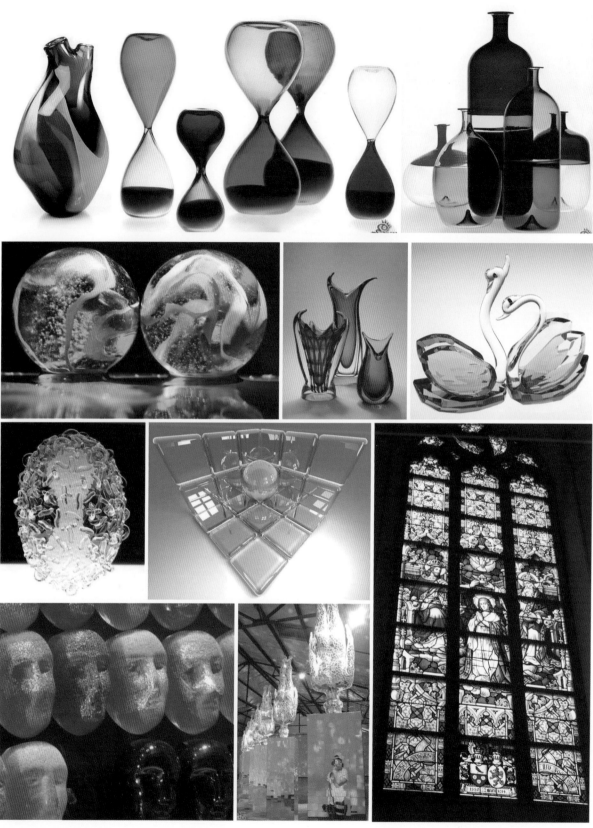

图4.87　玻璃雕塑2(组图)

图4.88 玻璃雕塑3(组图)

图4.89 玻璃饰品

图4.90　玻璃艺术1(组图)

图4.91　玻璃艺术2(组图)

7. 纤维

纤维是指由连续或不连续的细丝组成的物质。在动植物体内，纤维在维系组织方面起到重要作用。纤维用途广泛，可织成细线、布匹和麻绳，造纸或织毡时还可以织成纤维层；同时也常用来制造其他物料，以及与其他物料共同组成复合材料。纤维分为天然纤维和人造纤维两大类。天然纤维包括植物纤维、动物纤维、矿物纤维。人造纤维包括化学纤维、合成纤维、无机纤维等。纤维被运用到公共艺术，起源于西方古老的壁毯艺术，在它的发展过程中又融入了世界各国的优秀纺织艺术，并逐渐吸纳了现代艺术观念以及现代科学技术。随着新材料的不断开发利用，表现手法和艺术形式也多种多样，平面、立体、抽象、具象、装饰、实用，可谓无所不能，非常丰富。

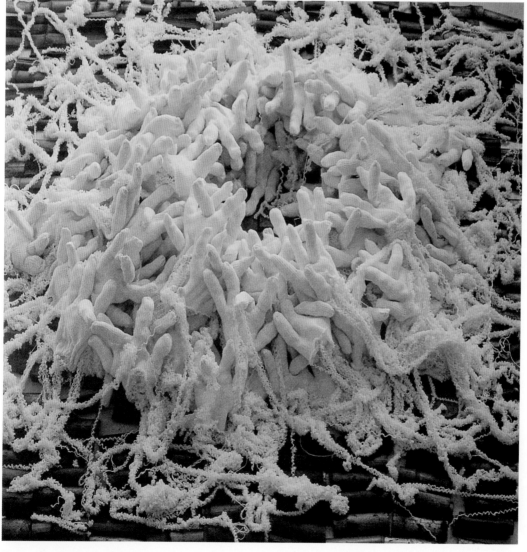

图4.92 周小瓯纤维作品《劳保-1》

图4.93　周小瓯纤维作品《蜕》

图4.94　纤维(组图)

图4.95 纤维(组图)

8.陶瓷

陶瓷是最古老的器皿和雕塑材料之一。陶瓷被称为人类最早的文明和智慧，也是最早的人造永恒材料。陶瓷是以黏土为主要原料以及各种天然矿物经过粉碎混炼、成形和煅烧制得的材料以及各种制品。人们把一种陶土制作成的在专门的窑炉中高温烧制的物品叫陶瓷，陶瓷是陶器和瓷器的总称。陶瓷的传统概念是指所有以黏土等无机非金属矿物为原料的人工工业产品。它

图4.96 中国远古彩陶

图4.97 古代陶碗

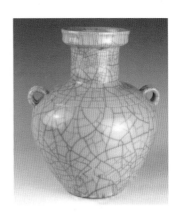

图4.98 中国古代官窑瓷瓶

图4.99 中国古代陶壁

包括由黏土或含有黏土的混合物经混炼，成形，煅烧而制成的各种制品，由最粗糙的土器到最精细的精陶和瓷器都属于它的范围。它的主要原料是取之于自然界的硅酸盐矿物(如黏土、石英等)，因此与玻璃、水泥、搪瓷、耐火材料等工业同属于"硅酸盐工业"的范畴。它的用途非常广泛，其他不必多说，特别是在公共艺术作品中多用于大型浮雕的制作，可省去中间模型翻制过程，节约了成本，并且把泥巴的可塑性和石头的永恒性有机地结合在了一起。另外，瓷砖、马赛克、施釉陶、细陶瓷、琉璃砖瓦等都属于陶瓷范畴。它有着金属等其他材料无法比拟的优越，烧制后几乎不存在氧化、变形、腐朽、褪色等现象，其造型肌理的丰富、多彩的釉色、无法预知的窑变，都充分显示出它的无穷魅力。

图4.100　陶瓷挂饰

图4.101 瓷砖

图4.103 波斯古代陶壁

图4.102 周苹 陶瓷壁画1

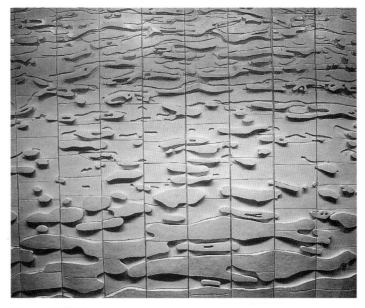

图4.104 陶瓷浮雕1

图4.105 陶瓷浮雕2

图4.108 周苹 陶瓷壁画2

图4.106 陶瓷浮雕3

图4.109 陶瓷浮雕5

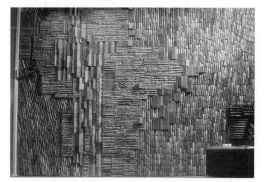

图4.107 陶瓷浮雕4

图4.110 陶瓷浮雕6

图4.111 陶瓷浮雕7

图4.112　日本陶瓷公共艺术

图4.113 碳合金

图4.115 玻璃钢

图4.116 PVC雕塑

图4.117 复合雕塑

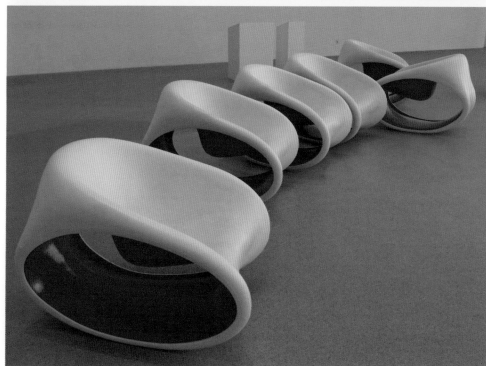

图4.114 碳素纤维椅子

图4.118 复合铜

图4.119 玻璃钢奶牛

图4.120 石膏雕塑

图4.121 复合材料路灯

图4.122 石膏浮雕

图4.123 钢筋水泥

图4.124 PVC灯箱

图4.125 复合材料

9. 复合材料

复合材料是由两种或两种以上不同性质的材料，通过物理或化学的方法，在宏观上组成具有新性能的材料。各种材料在性能上互相取长补短，产生协同效应，使复合材料的综合性能优于原组成材料而满足各种不同的要求。复合材料的基体材料分为金属和非金属两大类。金属复合材料可以复合铜、铁、铝、镁、钛等各种金属；非金属复合材料有从古至今沿用的稻草增强黏土和已使用上百年的钢筋混凝土，以及玻璃纤维增强塑料(俗称玻璃钢)、碳纤维、石墨纤维、硼纤维、碳化硅纤维等。复合材料是属性各异的新型混合物，在很多领域都发挥了很大的作用，代替了很多传统的材料。复合材料中以纤维增强材料应用最广、用量最大，其特点是比重小、比强度和比模量大，其冲击强度、疲劳强度和断裂韧性等方面比传统材料显著提高，并且价格低廉。公共艺术的发展与社会科技进步是分不开的，复合材料应用在公共艺术作品中最多的是石膏、混凝土、玻璃钢、复合铜、PVC、膨化树脂、光导纤维等，甚至随着人类科技的发展还在不断开发利用中。复合材料不仅能通过各种工艺仿制所有传统材料，而且不同的复合材料还会产生不同的艺术语言和艺术效果。

图4.126　复合树脂

图4.127　综合材料

图4.128　综合材料建筑

图4.129 综合材料地灯艺术

图4.131 综合材料公共艺术2

图4.130 综合材料公共艺术1

图4.132 综合材料公共艺术3

图4.133 综合材料雕塑

图4.134 北京奥运会场

图4.135 水立方游泳馆

图4.136 综合材料公共艺术4

图4.137 光、电、水景综合艺术1

图4.138 光、电、水景综合艺术2

图4.139 光、电、水景综合艺术3

10. 综合材料

综合材料所包含的材料、内容、形式是最广泛的，各种材料的混合使用与相互搭配，丰富了公共艺术语言，多种材料质感、肌理相互对比调和构成崭新的表现力。以上所有材料混合使用或相互搭配都可谓综合材料。随着时代的发展，艺术家们对现实生活的理解、思维方式的变化、观念的更新，使原有传统单一的某种材料无法满足艺术创作的需要，因此当代公共艺术已经完全

图4.142　光、电、水景综合艺术4

图4.140　综合材料超级具象雕塑

图4.143　光、电、水景综合艺术5

图4.141　综合材料超级具象雕塑制作

图4.144　光、电、水景综合艺术6

图4.145　综合材料雕塑

打破了材料和观念的限制，任何新科技、新能源、新材料都可以传达公共艺术语言。无论新旧、质地、半成品、成品、再生品，以及建筑、交通工具、生活用品用具，甚至光、电、影、水、气、雾等一切物质和现象，经过艺术家们有目的的特殊组合加工，而产生了审美价值、思想语言或某种功能后，都可以成为公共艺术作品，这也是社会发展的必然趋势。

思考题

1. 如何开展公共艺术设计？具体步骤怎样？

2. 公共艺术所使用的材料有哪几种？

3. 说出一种您所感兴趣的材料的特点和性能。

作业安排

每位学生完成自己的公共艺术设计效果图，并写一篇设计说明。

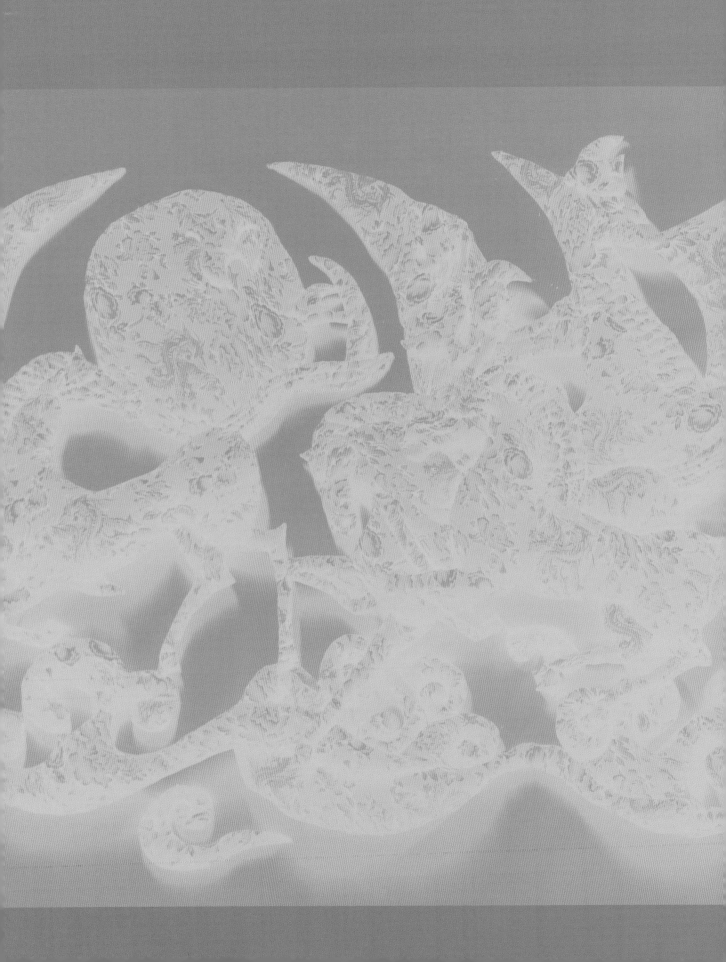

第5章 公共艺术设计的技法及艺术规律

导读：

本章从构图、色彩、造型、艺术审美与规范等几个基本要素出发，列举大量的学生课堂作业，详解公共艺术设计的技法与艺术规律，并针对课程教学进行了总体安排和要求。

目的与要求：

通过壁画、浮雕或雕塑等形式的构图、色彩、造型练习，使学生了解公共艺术的艺术规律和基本常识；掌握设计步骤与表现技法；结合实际课题进行设计实践；观察自然和生活，也即通过间接途径、直接途径和科学途径进行学习和训练，纵向艺术史寻根求本，横向东西方文化的两种形式比较借鉴。培养学生应变、驾驭、想象各种平面形态、空间的创造力，使他们善于自由组合富有变幻和活力的空间秩序，提高学生艺术的心力、眼力和功力，在促进基础训练和培养创造性设计思维之间，进入优化的互补和良好的美学思考中。

要求学生从学习艺术文化的高处着眼，注重创意、掌握构图、造型色彩的艺术规律，学会公共艺术设计的创作方法和各种形式及材料的运用和表现，因材施艺，因艺施料，避免沦为盲目的形式奴隶、技术匠人。吸取和运用中国传统艺术的特点，结合西方现代造型的方法，洞察自然与生活，创作出具有独特美感的公共艺术设计作业是本课程的教学重点和目的。

第一节 构 图

构图指作品中艺术形象的结构配置方法。它是造型艺术表达作品思想内容并获得艺术感染力的重要手段。在公共艺术设计中为了表现作品的设计思想和美感效果,在一定的空间,安排和处理人、物的关系和位置,把个别或局部的形象组成艺术的整体。构图处理是否得当,是否新颖,是否简洁,对于公共艺术作品的成败关系很大。构图的种类繁多,不同的公共艺术形式,有不同的构图法则和规律。但是不论二维平面还是三维立体造型,总体无外乎两种大的结构类型:①对称构图:中轴线两边绝对对称或相对对称。②均衡构图:中轴线两边造型不同、大小不同、空间关系不同;而视觉力度相均衡,也称之为"量不同而力相近"。均衡与对称是构图的基础,主要作用是使构图具有稳定性。均衡与对称本不是一个概念,但两者具有内在的同一性——稳定。稳定感是人类在长期观察自然中形成的一种视觉习惯和审美观念。因此,只有符合这种审美观念的造型艺术才能产生美感,违背这个原则的,看起来就不舒服。均衡与对称都不是平均,它是一种合乎逻辑的比例关系。平均虽是稳定的,但缺少变化,没有变化就没有美感,所以构图最忌讳的就是平均分配整体结构。对称的稳定感特别强,对称能使画面有庄严、肃穆、和谐的感觉。构图的形式美法则除了以上两

图5.1 壁画设计稿 陈宁宁 指导教师:王焱

图5.2 壁画设计稿《茂》李益娟 指导教师:王焱

类以外，还有"八对"和"十六种"，"八对"即均衡与对称、渐变与重复、对比与调和、比例与尺度、节奏与韵律、空间与主体、微差与统调、特异与秩序，前者多显示生动型，而后者显示秩序型。生动与秩序，变化与统一，多样与整体两个因素，既对立排斥，又影响制约，相辅相成存在于一个统一体中，这便是形式美法则的本质和灵魂所在，也是运用形式美法则必须遵守的规律。如果过分追求生动、变化，构图会变得杂乱无章，这样不仅失去了秩序美，原先所追求的生动美也荡然无存；反之，如一味强调构图秩序、统一、安稳、平衡，作品会变得呆滞。要处理好每对法则中两者之间的关系，一件公共艺术作品的创作中可能运用多种形式美法则，关系处理得好坏，则显示出作者水平的优劣。具体到设计基础里的平面构成和立体构成中，均有更加详细的种类说明。"十六种"指的是：①水平式构图(安定有力感)；②垂直式构图(严肃端庄)；③"S"形构图(优雅有变化)；④三角形构图(正三角较稳定，倒三角刺激)；⑤长方形构图(秩序化有较强和谐感)；⑥圆形构图(饱和有张力)；⑦辐射构图(有光明感或纵深感)；⑧中心式构图(主体明确，效果强烈)；⑨渐变式构图(有节奏感)；⑩散点式构图(不受边框约束，可自由向外发展)；⑪变异式构图(突出变化)；⑫倾斜式构图(运动感强)；⑬旋转式构图(永恒流动)；⑭波浪式构图(生动活泼)；⑮充满式构图(饱满充实)；⑯自由式构图(随意洒脱)。甚至每个英文字母都是一个构图。一般根据作品所要表现的内容、主题、形式或所依附的建筑、环境主体的风格以及功能的需要，采用大的动势、整体动向线或简洁明快的造型，来组合成具有表现力和美感的构图。往往可以通过所归纳的动向线或基本形(几何形) 来形成构图，分割画面的主要动向线有竖线、横线、斜线、折线、波浪线，在构图中起主要作用；构图表现形象主体组合的基本形状有三角形、圆形、断环形、放射形、旋形、同心圆、十字形、栅栏形、"S"形等，正是这些动向线和基本形成为构图的主要构成形式因素，由于基本形和动向线与世界上各种自然现象或人的形态相似，便具有丰富的感情联想性。正形(形体) 与负形(空间) 对比调和(点线面体方圆直曲)、疏密相间(疏可走马密不透风)、黄金比例分割(形体或空间比例三七开) 等基本规律灵活运用，当然也可以根据需要而打破传统规律，创造出更新颖而鲜明的构图形式，以达到内容和形式的完美整合。

图5.3 壁画设计稿《童趣》蒋舒静 指导教师：王焱

图5.4 壁画设计稿《绿意》潘子娓 指导教师：王焱

图5.5 壁画设计稿《花》徐冰 指导教师：王焱

第二节 色 彩

色彩可分为有彩色和无彩色两大类。前者如红、黄、蓝等色相环，后者如黑、白、灰。有彩色是具备光谱上的某种或某些色相，统称为色度。与此相反，无彩色就没有色度。无彩色有明有暗，表现为黑、白、灰，也称明度。有彩色表现很复杂，但可以用三组特征值来确定。其一是色度，也就是色相；其二是明暗，也就是明度；其三是色强，也就是纯度。色相、明度、纯度决定色彩的状态，称为色彩的三属性，也称三要素。不同的明度与色相混合成为二线的色彩状态，就形成各种不同色相、明度、纯度的色调。在公共艺术设计中，色调的设计和选择非常重要，因为人们的视觉对事物的感知首先是色彩，然后才是构图、造型、材质、肌理等因素。色彩能对人们产生物理、生理、心理的作用，引起人们的联想和情感变化。色彩作为一种视觉语言，能创造情调气氛，迅速感染观众，在这方面往往超出构图、造型和材质的表现力，它几乎不依赖于其他因素而直接传达视觉语言。因此我们在公共艺术的色彩设计中，根据题材内容所要表现的重点，可以采取写实的、主观的、装饰的等各种表现手段来设计。但是，公共艺术的色彩设计必须在服从环境、主题、生产工艺和制作材料的前提下，更要强调整体色调的统一性，确定色调的色相冷暖，处理好其他相对的明度和纯度对比，才能共同体现公共艺术作品的色彩气氛的主导色调和视觉魅力。通常，在公共艺术设计中，暖色调与高纯度色彩活泼而刺激，冷色调与低纯度则消沉而松弛，高明度色调给人感觉愉快、轻盈、明亮、华丽，中明度色调典雅、平和、含蓄、从容，低明度色调抑郁、沉重、庄严、宁静。深色、暗色与冷色调有收敛感，明亮而暖色调有扩张感，高纯度色调强烈刺激，低纯度色调雅致和谐。只有处理好色相、明度和纯度之间的对比与调和关系，才能获得理想的艺术效果。有时利用某种单一色彩往往能更加鲜明地突出主题，提高简洁明快、深刻强烈的视觉冲击力。无论是多色彩结构的公共艺术，还是单一色彩结构的公共艺术，在色彩设计时，都要尽量从各种可采用的方案中进行适当的选择，非常缜密地考虑周全作品与整个环境氛围的相互关系，以及内容与功能的需要。

第三节　造　型

造型就是人类创造物体形象。造型的四大基本要素是点、线、面、体，在几何学概念中，点是线与线相交而产生的位置，"点"的连续排列或移动成为线，线的移动则成面，面的移动则成为体。

"点"是相对而言的，是宇宙万物中最普通的一种形态，大到太阳、地球、月球，小到动植物种子和细胞等，都可以称之为点。这些现实中所存在的自然物象传达给人们潜意识的信息符号，能激发人们对所熟悉的事物产生联想、情绪和美感，"点"往往是生命的起点或再现，生命则是人类永恒的主题。它传达给人们的情感信息非常丰富，把"点"进行排列、分割或与其他形体重组能产生出新的视觉语言，有极强的表现力。

"线"是物体抽象化表现的有力手段，巧妙地运用它亦可达到卓越的视觉效果。"线"有直线与曲线之分，曲线在古典绘画和雕塑中是艺术家追求完美造型的重要手段。回顾欧洲文艺复兴时期的每件绘画与雕塑作品，以及中国隋唐时期的敦煌壁画、泥塑等，都会看到大量的形体与空间接触边沿的曲线在不断地进行流动或变化。而直线却在现代建筑设计、绘画和雕塑设计中得到了更广泛的应用。直线与曲线的不同变化，能体现出某些内容与情绪。垂直线在视觉心理上有上下移动的引导力，有崇高和进取之感。水平线给人们视觉感受是平移、广阔、安详、宁静，曲线给人以优雅、流畅、运动、轻快并富有张力的感觉。虽然单体的直线或曲线自身就具有很强的表现力，但是在大多数情况下还是组合使用表现力会更加丰富。运用各种直线与曲线有目的地进行组合、排列、渐变、运动，会创造出各种丰富的造型。

图5.6　壁画设计稿《馨》李益娟 指导教师：王焱

"面"也同线一样分为平面与曲面，平面的物体如水平面、桌面、镜面等；曲面在我们日常生活中无处不在，曲面具有更亲切温柔的感觉，正如人们的自身外表就是由凹凸不平的曲面所构成的。"面"的表现不仅仅有大小、形状、平曲之分，它还能依托于其他结构得以实现更加广泛的空间效果，平面与曲面通过相互组合、插接、旋转、扭动或单体折叠等都能创造出很丰富的造型，也自然向"体"发展而去占有空间。"面"的造型被广泛地运用在浮雕、雕塑、工业造型、服装设计，以及人们的日常生活之中。

"体"具有长度、宽度和深度，并且本身绝对地占有三维空间，立方体、正三角体或四角椎体在现实生活中运用最多，在人们心理上有着庄重、简洁、稳定的感觉，物理上也有同样的作用，比如绝大多数现代建筑、古代埃及的金字塔、中国万里长城等。其次

图5.7　浮雕设计稿《火舞》丁阳 指导教师：王焱

是圆球体、圆柱体或圆锥体，给人以流动、永恒、亲切的感觉，在艺术与生活中运用更为广泛。作为"体"造型的雕塑艺术也是如此，雕塑应具备体量，这种体量在视觉造型中有物理体量和视觉心理体量之分。物理体量是指能准确测量和把握的客观体量，而心理体量是指人们通过物理体量的了解和视觉经验所形成的一种心理活动。雕塑艺术就是把各种各样的物理体量与心理体量经过完美整合，创造出崭新的造型语言，屹立在人类生存空间中。

另外，造型的三大基本形是方、圆、三角。三大空间模式是二维(平面)、三维(立体)、多维(运动、心理等)。两种存在模式是体积(正形)、空间(负形)。两种表现方式是具象、抽象。

具象与抽象也是相对而言的，在造型艺术中没有绝对的具象和绝对的抽象表现，任何具象写实的作品与真实的事物相比较，都会比真实事物抽象，而任何抽象的作品都是有具体形象的，与真正没有形象的事物相比较，如与音乐艺术相比较又会变得很具象。因此，无论具象表现还是抽象表现均是现实生活的概括和提炼，只是提炼概括的程度不同而已，具象作品提炼概括的相对少一点，而抽象作品则提炼概括的相对多一些，甚至运用夸张、变形等艺术手段，舍掉事物的表面现象，抽出事物的主要属性和感受，更加强烈、简约、精练、典型化地表现出事物的特征与本质。

现代公共艺术设计必须在充分认识和把握以上造型基本规律和常识的基础上进行。点、线、面、体是造型的基本元素，就像识字读书是文学创作的基础一样，必须认真学习和掌握。与此同时，对生活素材的积累、对审美和情感的认识、对技法运用以及脑、眼、手的熟练配合等，都是造型训练所不可缺少的。

图5.8　浮雕设计稿《龙凤吉祥》　蔡琛秀子　指导教师：王焱

图5.9　浮雕设计稿《邮翔》李青青　指导教师：王焱

图5.10　浮雕设计稿《我们是一家》胡沁　指导教师：王焱

图5.11 学生公共艺术设计《马到成功》朱思思 指导教师：王焱

图5.12　公共艺术作业《奥运基因》李丽等 指导教师：王焱

图5.13　公共艺术作业《凝固的艺考梦》丁阳、李迪 指导教师：王焱

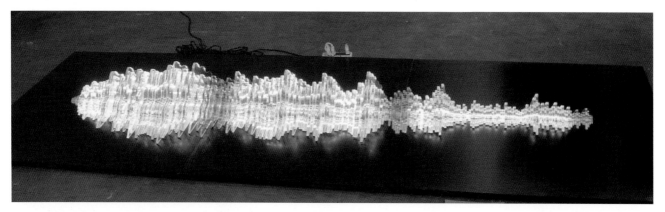

图5.14　公共艺术作业《寻》张志强、叶小丽 指导教师：王焱

图5.15　公共艺术作业《装置》陈寒晖等 指导教师：王焱

图5.16　公共艺术作业《云南印象》　指导教师：王焱

图5.17　学生浮雕作业《角落》(对称构图) 指导教师：王焱

图5.18　胡珩的浮雕作业《灵动》(对称平列) 指导教师：王焱

图5.19　公共艺术作业《baby兔》张巧英 指导教师：王焱

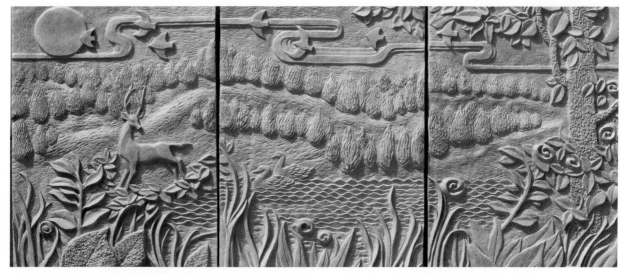

图5.20　公共艺术作业《和谐》(均衡构图) 李光勇等 指导教师：王焱

图5.21 公共艺术作业《东巴魂》盛洁、冯方 指导教师：王焱

图5.22 公共艺术作业《东巴情》苏雅 指导教师：王焱

图5.23 公共艺术作业《梦想天堂》孔君辉 指导教师：王焱

图5.24 用五谷杂粮制作的公共艺术作业《四季农家》刘颖儿等 指导教师：王焱

图5.25　浮雕作业《扇舞》(对称构图) 朱思思 指导教师：王焱

图5.28　学生浮雕作业(对称构图) 指导教师：王焱

图5.26　学生浮雕作业(均衡构图) 指导教师：王焱

图5.29　浮雕作业《月女》(斜三角均衡构图) 陈宁宁
　　　　　指导教师：王焱

图5.27　浮雕作业《圆》(圆构图) 蒋益君 指导教师：王焱

图5.30　浮雕作业《秦香莲》邹小波 指导教师：王焱

图5.31 学生浮雕作业《木兰》(均衡构图) 指导教师：王焱

图5.34 浮雕作业《花季》(均衡构图) 吴颖云 指导教师：王焱

图5.32 学生作业《荷花》(均衡构图) 指导教师：王焱

图5.35 浮雕作业《幽香》童双艳 指导教师：王焱

图5.33 浮雕作业《羊》冬青青 指导教师：王焱

图5.36 浮雕作业《吼》魏陈斌 指导教师：王焱

第四节　艺术审美与规范

审美是欣赏、领会事物或艺术品的美，是一种主观的心理活动过程，是人们根据自身对某事物的要求所做出的一种对事物的看法，因此具有很大的偶然性。但它同时也受制于客观因素，尤其是人们所处环境、文化、时代背景等会对人们的评判标准起到很大的影响。因此，当代公共艺术的审美必然涉及观念和标准问题，由于时代的进步，当代艺术的价值观念较之传统艺术的单纯审美观念有了本质的差异，呈多元化状态。当代艺术从观念上区分已经从对客观事物的描绘转入对主观意识的表达，以及全方位的观念传播，从风格流派上区分已经从对客观事物的陈述过渡到对审美视觉语汇的完善，当代诸多流派完全阐述了所有的各种视觉艺术语言和审美观念。这种多元化促使所谓的公众审美标准是丰富而多变的，是很难把握的。但值得注意的是：公共艺术是公众理想和艺术审美相融合而产生的视觉产品，在创作过程中

图5.37　学生浮雕作业《幽香》　指导教师：王焱

图5.38　浮雕作业《父与子》邹民安 指导教师：王焱

图5.39　学生浮雕作业《少女》(圆构图)　指导教师：王焱

图5.40　综合材料训练 叶英　指导教师：王焱

图5.41　综合材料训练 李伟洁　指导教师：王焱

图5.42　综合材料训练 潘吉　指导教师：王焱

必须注重公众思想观念和审美取向，同时也要体现作品本身的审美价值。对造型的表现、空间的把握、材质的选择、色彩的运用等方面，必须符合艺术创作审美规律、必须与公共空间环境相协调，并且还要引导公众参与和互动，对环境的审美、文化氛围要有一定提升。

公共艺术作为一个系统性的环境设计或社会工程，在城市或区域的文化形象和公众活动中有着比较持续和长久的特征，对环境的现在和未来都将产生重要影响，甚至有些作品已经纳入大规模建筑物的行业规范，具有建筑性质。这些项目的设计与施工涉及国家有关法律规范、审批部门的某些规定，以及跨学科、跨行业的专业人员和施工人员共同合作完成，在设计施工完成时，还需要由国家各级文化和建设部门对艺术水平与工程质量等方面进行验收和评定工作。评定工作不仅是对国家公共艺术政策法规的执行，更是促进了公共艺术设计在遵守国家政府的相关法律法规和行为规范、尊重自然科学规律和艺术规律的前提下进行全方位、多元化的创新设计与传播。

目前的公共艺术设计教学，目的是为社会培养优秀的专业人才，因此，本教程的重点在于传授公共艺术设计的基础知识与基本规律，让学生理论与实践融会贯通，以便将来学以致用，推陈出新，为我国的经济文化建设贡献力量。

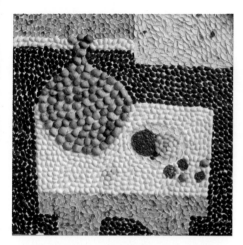

图5.43　综合材料训练 支朝意　指导教师：王焱

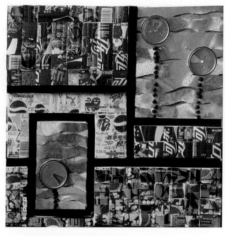

图5.44　综合材料训练 吴文姬　指导教师：王焱

图5.45　综合材料训练 苏雅　指导教师：王焱

图5.46　综合材料训练 盛洁　指导教师：王焱

图5.47　综合材料训练 朱敏　指导教师：王焱

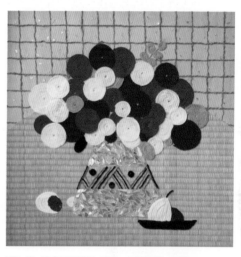

图5.48　综合材料训练 苏雅　指导教师：王焱

图5.49　综合材料训练 支朝意　指导教师：王焱

图5.50　综合材料训练 朱敏　指导教师：王焱

图5.51　综合材料训练 盛洁　指导教师：王焱

图5.52　综合材料训练 尹晓群　指导教师：王焱　　图5.53　综合材料训练 苏雅　指导教师：王焱　　图5.54　综合材料训练 朱敏　指导教师：王焱

图5.55　综合材料训练 江义义　指导教师：王焱　　图5.56　综合材料训练 黄维　指导教师：王焱　　图5.57　综合材料训练 张明海　指导教师：王焱

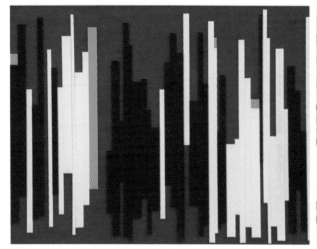

图5.58　综合材料训练 蒋优优　指导教师：王焱　　图5.59　综合材料训练 陶羚艳　指导教师：王焱　图5.60　综合材料训练 邱若丹　指导教师：王焱

思考题

1.公共艺术设计技法有哪些基本要素？

2.怎样掌握造型艺术规律？

3.畅谈如何繁荣我国的公共艺术设计事业？

作业安排

1.针对自选环境创意设计制作一幅完整的公共艺术
  设计稿，再把设计稿通过电脑合成制作成实地效
  果图(材料、幅面不限)(2幅)。

2.设计说明与创作体会(1000字左右)(1篇)。

3.根据自己的内容形式选择真实材料制作公共艺术
  模型或局部(1个)。

图5.61 综合材料训练 费继红 指导教师：王焱

第6章　实践案例赏析

导读：

　　本章通过列举本教程作者王焱近三十年来从事公共艺术设计教学与实践的作品，讲叙公共艺术设计的实践案例和亲身体会，其中有经验也有教训，更具有实际教学意义和社会现实意义，同时也是作者自身的艺术学习过程和成长经历的总结(部分作品与中国美术学院雕塑系汤守仁教授合作完成）。

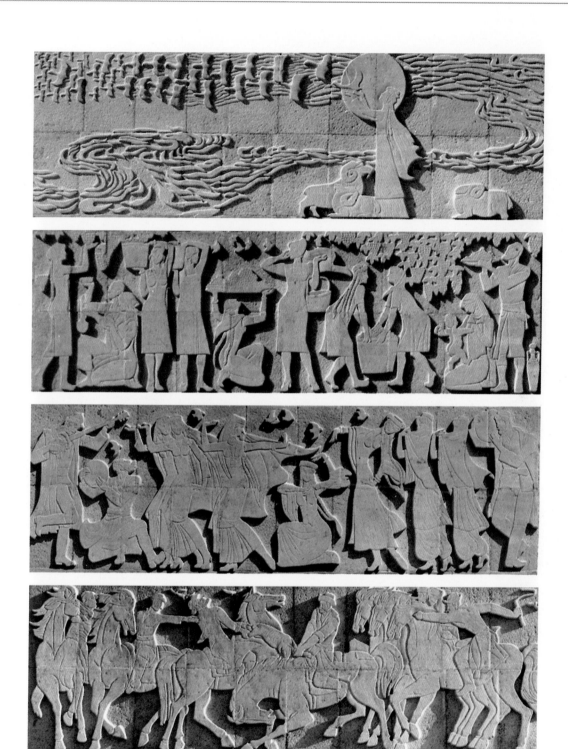

图6.1　乌鲁木齐火车站广场浮雕《牧羊》《葡萄》《歌舞》《叼羊》　花岗岩 12米×2.8米

　　1985年王焱在上大学三年级时，恰逢导师汤守仁教授承接到新疆乌鲁木齐火车站广场雕塑，他做主雕《民族颂歌》，而王焱就在他的指导下进行基座的四面浮雕设计，当时王焱很喜欢刘秉江和周菱的壁画风格，并在参考北京饭店的壁画《创造·丰收·欢乐》基础上，创作了以上四幅浮雕。虽然这组雕塑现在看来比较幼稚，但它们是王焱社会实践的浮雕处女作。由于当时王焱还在上学，设计稿完成后，交给苏州石雕厂进行放大制作，作品人物造型在工人制作过程中有些走样，结果很遗憾而无奈。这是一次教训，也说明，作品必须像罗丹、米开朗基罗等大师们一样，亲力亲为地精心制作。

图6.2　杭州新新饭店浮雕壁画画稿《西子姑娘》

1986年王焱毕业设计时，承接了杭州新新饭店的整套VI设计，其中除了设计标志、字体等统一视觉形象传达以外，还有这2个浮雕壁画设计，在汤守仁教授的指导下，王焱创作了这2幅浮雕壁画，主要在构图、造型、色调上进行了一些尝试。

图6.3　国家教委会议室壁画《静》　油画 5米×3米 1987年

图6.4　国家教委接待室壁画《鹤》　油画 5米×3.3米

　　《静》与《鹤》是1986年8月王焱毕业分配到北京国家教委工作，1987年为会议室和接待室画了这2幅壁画，会议室用冷色调营造一个宁静的意境，接待室用黄绿色调烘托春意盎然、朝气蓬勃、高雅迎宾的氛围。

图6.5 漳州女排基地雕塑《三连冠》复合铜 高8米

图6.6 富阳幼儿园门口雕塑《鹿》白水泥

　　1987年王焱与汤守仁教授合作，创作了这个纪念碑雕塑，取得了很好的社会效益。

　　1989年王焱为富阳幼儿园设计制作了这组母子鹿，主要是创造一个母爱的祥和氛围。

图6.7 富阳百货大楼外墙锻铜浮雕《春江颂》 16米×3.5米

1990年王焱与汤守仁教授合作设计制作了这幅外墙锻铜浮雕，重点突出当地文化和人文景观，起到装饰建筑等作用。

图6.8　上海科技馆公共艺术《揽月》《交流》

　　1989年王焱与汤守仁教授合作设计制作了浮雕《揽月》，圆雕《交流》，主要是为了烘托科技馆氛围、装饰楼梯环境。

图6.9　株洲炎帝广场雕塑《炎帝像》　花岗岩 26米

　　1997年王焱与汤守仁教授合作设计制作了《炎帝像》纪念碑，高度26米，全部用花岗岩拼接制作，市政工程浩大，历时近2年时间完成。这是一件真正的公共艺术设计作品，几乎全体株洲市民均参与其中，也是广场文化的充分体现。

图6.10　厦门双拥模范城标志《白鹭展翅》不锈钢 40米高

　　1997年王焱与汤守仁教授合作设计制作了有生以来最大的不锈钢公共艺术作品《白鹭展翅》，高达40米，集"厦门"首写字母"X"、"双拥"首写字母"SY"、市鸟白鹭、市花三角梅等含义于一身，组合成腾飞向上的寓意造型，展现出厦门双拥模范城标志性雕塑的雄伟气魄。但是，也引来不少争议，有人认为其体量过大、标志符号性太强，因而减弱了审美价值。

图6.11　海龙华烈士陵园雕塑《少年英雄》铸铜 10米×8米

　　1996年王焱与汤守仁教授合作设计制作了这座铸铜纪念性雕塑《少年英雄》，荣获上海十大工程奖，雕塑坐落在龙华烈士陵园的草坪广场上，整体构图采用少先队火炬上的火焰造型，运用写实技法塑造出革命少年在各个时期的革命活动场面。基座与舞台并用，营造出一个当代少年活动环境。

图6.12　福清体育公园雕塑《开拓》玻璃钢 5米

　　1998年为丰富当地体育文化而创作。

图6.13　杭州香溢大酒店浮雕《翔》 锻铜 3米

　　1998年设计制作的纯装饰性浮雕，主要在构图与造型上进行变化。

图6.14 杭州香溢大酒店浮雕总台浮雕《乐》 陶瓷

　　1998年设计制作的纯装饰性浮雕，探讨陶瓷釉彩与浮雕装饰造型的结合。

图6.15 杭州香溢大酒店浮雕总台浮雕《闲》 陶瓷

　　1998年设计制作的纯装饰性浮雕，探讨陶瓷釉彩与浮雕装饰造型的结合。

图6.16 杭州香溢大酒店喷泉雕塑《合》 汉白玉

　　1998年设计制作的楼梯间实用性和装饰性雕塑。

图6.17　上海青浦陈云纪念馆浮雕《陈云与烈士子女们》铸铜

　　1998年王焱与汤守仁教授合作的室内纪念性浮雕。注重人物造型的生动性，再现了陈云接见革命烈士子女并亲切交谈的温馨画面。

图6.18　浙江国际大酒店总台浮雕《春集》汉白玉镏金

　　1999年王焱设计制作的纯装饰性浮雕，运用丰富的线条，表现春天集市的繁荣场面。

图6.19　嘉兴电视台《徐志摩像》铸铜

1999年王焱为嘉兴电视台设计制作的纪念性写实雕塑。

图6.20　海宁博物馆雕塑《永恒》不锈钢　5米

2002年王焱为海宁博物馆设计制作的抽象雕塑。

图6.21　长兴香溢大酒店总台线雕《春晖图》汉白玉镏金

2001年王焱设计制作的纯装饰性浮雕。全部采用简约的线条，通过疏密对比的手法，单纯中求变化的丰富装饰画面。

图6.22　天水第一人民医院《白求恩纪念碑》　9.8米 铸铜

2006年王焱与汤守仁教授合作设计制作的大型纪念碑青铜雕塑，进一步弘扬白求恩同志的光辉形象、工作态度与国际精神。

图6.23 天水第一人民医院 铸铜浮雕《白衣赞歌1》2.5米×6米

2006年与汤守仁教授合作设计制作的大型纪念浮雕，以写实的手法，歌颂白衣天使们的工作场面、和谐的医患关系和无私奉献精神。从技法上更注重构图的丰满和人物造型的生动性。

图6.24 铸铜浮雕《白衣赞歌2》2.5米×6米

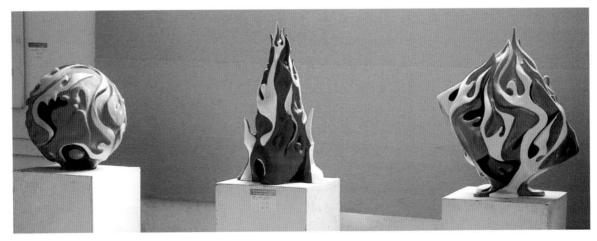

图6.25 公共艺术设计稿《焱》系列

2003年王焱参加浙江省美术展览，分别运用三角、圆、方三大基本造型和三原色红、黄、蓝色为构图，设计即是火焰又是人物动态的造型来表现：生命之火、欲望之火、思想之火，同时组成了自己的名字《焱》系列。

图6.26　厦门同安法院《法之光》锻铜　11米×3米

　　2007年厦门同安区的新法院建成，王焱为其门厅大堂设计制作了此锻铜浮雕，《法之光》整体构图采用传统公堂的"海上升明日"的形式，利用既是眼睛又是光芒的造型，来突出中心的法徽，寓意：法眼、目中有法、法律的光芒普照大地、光明正大。法徽放射出的光圈中有法典、法锤、法剑等法律武器，与邪恶进行斗争。光芒中有五星红旗、日月星辰。下面是地球上的长城与向着法徽飞翔的和平鸽，以及角落里的植物，这些象征着法律像长城一样坚固，中华民族在法律的光芒普照下的祥和景象、和谐社会。

图6.27　杭州星星港湾雕塑《龙》　锻铜　3.9米×2.6米

　　2007年王焱为杭州星星港湾楼盘广场设计制作了这个风水雕塑，由于该楼盘广场大门面对公路的拐弯处，传说风水有煞，为了阻挡煞气而设计制作此道教八卦构图的双龙雕塑造型，上书："天行健，君子以自强不息"。

图6.28 杭州星星港湾雕塑《日月》3.65米

　　2009年王焱为该楼盘月台环碧别墅区设计锻造不锈钢+紫铜雕塑，整体构图以日为基本型，以月相切割，并用紫铜造型形成倒影，寓意每年365天昼夜祥和平安。

图6.29 杭州星星港湾雕塑《和谐》锻铜 2.5米

　　2009年王焱为该楼盘明月岛别墅区设计锻造紫铜雕塑，以太极图为整体构图，结合欢腾的装饰人物造型，来烘托和谐小区的氛围。

图6.30　杭州星星港湾雕塑《丝竹》锻铜　2.6米

　　2009年王焱为该楼盘花径欢谷别墅区设计锻造紫铜雕塑，以三位演奏不同传统乐器的抽象概括美女造型，来表现小区群众文化的欢乐场面。

图6.31　厦门海关大厅浮雕《闽南雄关》汉白玉　16米×4米

　　2009年王焱为厦门海关新大楼门厅大堂设计制作了此汉白玉浮雕，整体构图采用了汉字厦门的"门"字的拼音字首"M"的字形形态，设计组合成一个宽阔的大"门""M"型的画面，来象征"厦门"和海关"国门"。利用"海上升明日"的形式——画面中间既是眼睛又是太阳的造型，来突出中心的海关帽徽。寓意："光明正大，依法行政。擦亮眼睛，为国把关。服务经济，促进发展。"海关帽徽放射出的光圈中有文化传播图形、古代四大发明的指南针、祥云、现代电子科技等标志，进一步传达了海关文化和海关科技信息。下面左边有象征海上丝绸之路的古帆船、古代商贸钱币、陶瓷纹样"火"(生意红火)、"人面鱼纹"(渔猎丰收)、月亮、云朵和海鸥，以及联合国海上丝绸之路的标志。右边是现代厦门海关崭新的办公大楼、大型岸吊、进出口贸易集装箱、万吨巨轮，以及向着海关帽徽和太阳展翅飞翔的市鸟——白鹭。正下方是万里长城与厦门市的著名风景点鼓浪屿日照岩并肩耸立在地球上，还有代表厦门市的市花——三角梅图案点缀在画面的左上角，这些都象征厦门海关是像长城一样坚固地为国把关。厦门城市在国徽、关徽的光芒普照下，呈现出一派和谐社会的繁荣景象。整个画面包含了金、木、水、火、土的因素，既丰富了自然资源又满足了传统风水的需要。

图6.32　杭州星星港湾雕塑《鹤》不锈钢 2.3米

　　2010年王焱为该楼盘中心公园设计锻造了此不锈钢雕塑，"仙鹤延年"表现仙鹤三口之家在水边休闲的造型，创造一个和谐自然的生态环境。

图6.33　富阳法院大厅锻铜浮雕《明》12米×3.3米

　　2011年王焱与林国胜教授合作设计制作了此幅富阳法院新楼门厅大堂锻铜浮雕，其整体画面内容由两幅"日、月"组合而成《明》。即："日月同辉"，反映着中华民族在法律光芒普照下的和谐景象。而技法上采用了装饰概括的手法，突出放射与旋转整体构图，营造出庄严而崇高的环境氛围。

后 记

 本书撰写过程历时数年，出于全面考虑，为使本书更加完美，笔者对书稿进行了多次修改，出版时间只好一拖再拖。纵观世界公共艺术历史与现状，以及在编写中每当笔者进行思绪与理论整合时，总是感到公共艺术发展还未成熟，还存在着根本性问题。文化建设要有人来担当，不光说，更要做，特别是公共艺术，是需要全民参与共建的。笔者此生最感欣慰的是数十年始终生活在自己的本色中，坦坦荡荡做人、快快乐乐做事。当然更不能忘记我的老师汤守仁教授的谆谆教诲。笔者曾在另一篇文章里自白：在民族优秀传统文化急需传承发展的今天，我辈学人，除了汗颜，更应奋起！让任何荣誉、地位、金钱论之无味。此生有幸在传播文化艺术火种上略尽薄力，心愿足矣。再加上能教书育人、做学术研究、给城市和公众留下一些美好的公共艺术作品，得以伴随到老，便是幸福美满人生了。尽管生活工作不会一帆风顺、事事如意，但是笔者坚信，只要我们大家共同努力，我国的公共艺术事业必定会有巨大的改观与发展。

 为了使本书更加完善，去年暑假笔者特地去欧洲考察了两个月，了解了十几个国家中二十几个城市和乡村的公共艺术历史和现状，并与当地艺术家、教师进行了探讨与交流，受益匪浅，回校以后便抓紧时间把文字和图片改写完成。本书参考了由江苏美术出版社2003年出版的孙振华所著的《公共艺术时代》、辽宁美术出版社2001年出版的俞剑坤所编著的《世界装饰浮雕新追踪》、安徽美术出版社2003年出版的张延刚所著的《壁画艺术与环境》等书籍的部分理论和观点。另外，本书还选用了国外一些公共艺术作品及部分国内优秀作品和学生作业作为范例。由于有些图片不知作者姓名，如有冒犯或不妥之处，敬请多多谅解和海涵！在此对这些作者们深表感谢！

　　本书是笔者对自己20多年公共艺术设计教学和社会实践的一次总结，由于水平有限，难免有诸多不足之处，对于同行而言可谓抛砖引玉，真诚期望来自各方的赐教，并欢迎提出宝贵意见，共同探讨与提高。

王焱

2013年10月